低品位工业余热建筑供暖

王春林　方　豪　夏建军　著

中国建筑工业出版社

图书在版编目（CIP）数据

低品位工业余热建筑供暖 / 王春林，方豪，夏建军著. — 北京 ：中国建筑工业出版社，2024.4
ISBN 978-7-112-29833-4

Ⅰ.①低… Ⅱ.①王… ②方… ③夏… Ⅲ.①工业余热-应用-集中采暖-研究 Ⅳ.①TU832.1

中国国家版本馆 CIP 数据核字（2024）第 092024 号

本书主要介绍低品位工业余热建筑供暖技术，该技术是一种非常先进和现代化的供暖方式。为解决低品位工业余热用于城镇集中供暖中的原理、技术等方面若干问题，本书系统地阐述了利用工业余热进行供暖的基本原理和方法，重点介绍了低品位工业余热信息统计、余热采集、整合输配、运行调节技术，以及低品位工业余热回收利用的关键技术，并对未来我国清洁供暖的发展趋势进行了简要介绍。本书内容共 9 章，包括：引言、低品位工业余热供暖过程的本质、低品位工业余热信息的统计、低品位工业余热工程调研、低品位工业余热采集、余热整合与输配、系统运行调节、工程案例、工业余热清洁供暖展望。

本书兼顾专业性与通俗性，既适合用作高校教材，也适用于相关行业的技术及管理人员培训等，具有广泛的实用性。

责任编辑：王华月
责任校对：芦欣甜

低品位工业余热建筑供暖
王春林　方　豪　夏建军　著

*

中国建筑工业出版社出版、发行（北京海淀三里河路 9 号）
各地新华书店、建筑书店经销
北京科地亚盟排版公司制版
建工社（河北）印刷有限公司印刷

*

开本：787 毫米×1092 毫米　1/16　印张：8½　字数：204 千字
2024 年 5 月第一版　2024 年 5 月第一次印刷
定价：**59.00** 元
ISBN 978-7-112-29833-4
（42147）

序

PREFACE

北方城市建筑供暖占北方城市民用建筑用能总量的一半以上。目前我国北方城市建筑供暖热源主要是燃煤燃气锅炉和燃煤燃气热电联产，这也导致供暖导致的碳排放量占到北方建筑运行产生的碳排放量的一半以上。为实现“双碳”目标，北方城市建筑领域面临三大任务：通过全面电气化替代用于建筑的化石燃料；大力发展风光电而实现电力零碳化；寻找零碳热源取代目前基于化石燃料的热源为建筑供热。现在大量的企业和研究机构在前两大任务上投入很大力量，目前已基本弄清方向、厘清路径，一步一步向已基本清晰的目标前进。然而相对来说，供热热源替代方式的研究和实践要少得多，甚至目标和方向尚未完全明确。

本书是这个团队多年来在供热热源替换这个重要方向上的积极研究、探索和工程实践的一个很好的总结。他们给出来的替换路径是充分挖掘工业生产过程排放的低品位工业余热，经过调整，使其作为新的热源方式为目前城市的集中供热系统提供热量。

一些人怀疑：这个方式可以作为未来的低碳热源吗？这些工业排放的低品位热量在产业结构调整后还会存在吗？我国是世界上体量最大的制造业大国，而人类社会发展对各类物质产品的需求尽管在种类上会有所调整，但总量很难大规模减少。我国的制造业地位与规模也一定只增不减。制造这些物质产品消耗大量能源（如电力），而大多类型的产品在生产过程中都将其生产用能转换为低品位热量，并以不同的形式排出（如冷却水、冷却空气、固体表面）。只有很少一些产品其生产过程用能通过化学转换方式存留于最终产品中。而有效地回收这些生产过程中排放的热量，将其恰当地作为供热热源用于建筑供暖，既满足了供热需求，又没有增加工业生产原本的用能与碳排放，因此这种方式就应该是一种零碳热源。未来无论如何调整产业结构和生产工艺，只要继续生产物质产品、继续消耗能源（可以是零碳能源），就必然要在生产过程中继续排放低品位热量，从而继续为供热系统提供零碳热源。因此，在现代社会，尤其是在作为制造业大国的中国，工业过程排放的低品位热量可以作为可持续的零碳热源回收、利用。它应属于可持续可依赖的零碳热源。

还有人怀疑：未来的零碳社会制造业排放的低品位热源能够满足建筑供热需求吗？本书在大量深入调查的基础上回答了这个问题。从总规模上核算，低品位热源产出量大于建筑的需求量；只是存在二者之间在地理位置上的不匹配和在产热与用热时间上的不匹配。而这两个不匹配今后通过新的技术手段可以基本解决（如长距离输热，跨季节储热）。在某些不合适的场合，再依靠电驱动的各种热泵方式甚至直接电热方式补充，就可以基本解决我国北方城镇的冬季供热需求，从而全面实现供热零碳化。

有些人可能又会提出：既然电驱动热泵和直接电加热也能实现零碳供热，那么就全面发展应用这些技术方式吧，为何还要靠工业低品位热量供热？实际的问题是：如果电力的主要部分是风电和光电，在我国大部分地区会出现冬季电力偏低而春秋季偏高的现象。而除供暖之外的用电负荷在全年并不会出现随季节的明显变化。如果大比例的冬季供暖都依靠电力充当热源，就会导致冬季电力严重不足。而继续增大风光电装机容量，不仅需要大量的投资和空间资源，还导致非供暖季电力的严重过剩，导致大量的弃风弃光。因此，综合经济性、空间资源等各方面矛盾，电力驱动的热泵或直接电热所提供的热量不宜超过总热量的20%～30%，而主要的热源应取自各类低品位工业余热。综合这二者将是最经济最适合的零碳热源方式。

本书的作者团队来自赤峰学院、赤峰富龙公用（集团）有限责任公司和清华大学建筑学院组成的产、学、研一体的研究团队。这是十多年前面向工业余热利用这一方向组织发展起来的一支研究力量。在赤峰学院成立了专门的供热专业培养四年制本科生为这个方向输送专门的技术人才、由富龙集团具体实施和运行示范工程，由清华大学的教师和研究生把握技术方向解决关键技术问题。十年前这个团队就完成了我国第一个回收铜冶炼厂余热为城市供热的示范，此后又分别在唐山和赤峰陆续完成了回收钢铁厂余热为城市供热的工程，在这些工程实践的基础上，进一步开展了北方地区工业余热的全面普查工作，并提出了系统的理论分析方法与优化方法。赤峰学院课题组的老师和通过工程实践源源不断培养出来的学生，慢慢成了这个团队的骨干力量。十多年的教学、研究和实践不仅系统地发展了工业余热应用的理论和方法，更培养出一大批可以致力于这一事业技术力量。这本书就是由这支队伍总结出的十年工作的部分心得。希望这仅是十年工作的一个阶段性总结，工业余热供热在中国仅仅是开始，为了实现零碳热源的目标，今后的路还很长，无论在理论、技术、装备和工程分析方法上，都还需要更多的发展和创新，更需要围绕这些方法的大量的工程实践。以这本书为基础，我们期待着更多、更好的成果。

希望这本书对从事和关心北方供热事业的同仁有一定的参考作用，对从事各省各地区能源零碳发展规划的工作也有一定帮助。希望有越来越多的企业和研究队伍把研究和发展目标投入到这个方向上。中国的能源革命是关乎中国未来如何实现可持续发展的大事，更是建成现代化强国必须完成的任务之一。真希望更多的有志者投入到这一领域，共同解决这一关乎国家发展和百姓安居的大问题。让我们一起努力吧！

江亿
中国工程院院士
清华大学建筑节能研究中心
2023年12月18日

前 言

FOREWORD

本学术专著由赤峰学院学术专著出版基金资助出版。专著研究得到了“北京市科协青年人才托举工程 2023—2025”、内蒙古自治区自然科学基金资助（No. 2023LHMS05013）“内蒙古农宅采暖系统低碳化改造路径研究”、赤峰市自然科学研究课题（NO. SZR202304）“赤峰地区工业园区余热供热路径研究”的支持。

本书主要介绍低品位工业余热建筑供暖技术，该技术是一种非常先进和现代的供暖方式。近年来，在全球能源危机和国家“双碳”政策的背景下，低品位工业余热供暖技术得到了越来越广泛的应用和研究。进入 21 世纪以来，中国经济保持高速增长，社会发展处于工业化、城镇化中后期，能源消费和碳排放尚未触顶回调，意味着未来传统的化石能源为主的能源体系将转变为以可再生能源为主、多能互补的能源体系。且随着我国城镇化进程的不断加快，供暖需求呈“火箭式”增长，供热热源供给日益紧张。

为有效解决以上问题，可回收利用工业生产过程中产生的余热为城镇进行集中供暖，其温度品位相匹配的最佳利用方式用于城镇集中供暖，此项技术既缓解我国北方冬季城镇集中供热时热源紧张的问题，又有效地降低了供热过程中的碳排放。

为解决低品位工业余热用于城镇集中供暖中的原理、技术等方面若干问题，本书系统地阐述了利用低品位工业余热进行供暖的基本原理和方法，重点介绍了低品位工业余热信息统计、余热采集、整合输配、运行调节技术，以及低品位工业余热回收利用的关键技术，并对未来我国清洁供暖的发展趋势进行了简要介绍。本书兼顾专业性与通俗性，既适合用作高校教材，也适用于相关行业的技术及管理人员培训等，具有广泛的实用性。

《低品位工业余热建筑供暖》由赤峰学院王春林、内蒙古富龙供热工程技术有限公司方豪 2 人为共同第一著者，清华大学夏建军为第三著者。赤峰学院参与撰写 3 人：赵宇通、石宏岩、李鑫阳；内蒙古富龙供热工程技术有限公司参与撰写 6 人：赵庆伟、梁忠伟、李焱赫、张俊月、朱旭、孙萌；清华大学参与撰写 1 人：夏建军；呼和浩特市城市燃气热力集团有限公司参与撰写 1 人：丛龙胜。第 1 章由方豪撰写；第 2 章第 2.1～2.4 节由石宏岩撰写，第 2.5 节由李焱赫撰写；第 3 章由王春林撰写；第 4 章由丛龙胜撰写；第 5 章由赵宇通撰写；第 6 章第 6.1、6.2 节由赵庆伟撰写，第 6.3 节由李鑫阳撰写，第 6.4 节由赵宇通撰写，第 6.5 节由李焱赫撰写；第 7 章由梁忠伟撰写；第 8 章第 8.1、8.2 节由朱旭撰写，第 8.3、8.4 节由孙萌撰写；第 9 章由张俊月撰写；夏建军对章节安排、内容逻辑等方面进行了优化，并全面梳理。特别感谢赤峰学院 2019～2024 届建筑环境与能源应用工程专业的毕业生，参与本书基础数据整理、内容校对、插图、公式等方面所做的工作。

在撰写本书期间，著写组向各个领域的专家和研究者征求意见和建议。我们竭尽全力寻找了各个领域的专家和研究者的意见和建议，以确保本书内容的科学性和实用性。衷心感谢中国工程院江亿院士对本书的关注，清华大学建筑节能研究中心的老师和专家学者们对本书编写无私的帮助和指导。我们相信，本书能为广大读者提供有价值的参考，助力更多的专家学者了解低品位工业余热供暖技术的最新进展以及未来的发展方向。在本书的撰写过程中，编者参阅并引用了国内外学者的有关著作和论述，并从中受到了启迪，特向他们表示诚挚的敬意。由于知识与经验的局限性，书中的错误和疏漏之处在所难免，恳请广大读者不吝赐教。

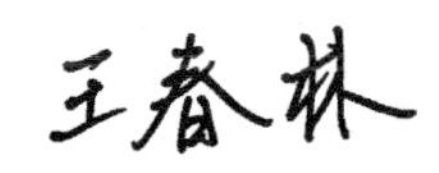

目　录

CONTENTS

第1章

引　言

近些年我国始终高度重视应对气候变化，坚持绿色发展、循环发展、低碳发展，一直将其作为促进高质量可持续发展的重要战略举措，2012年8月发布的《节能减排“十二五”规划》中提出要加大节能减排的力度。党的十八大会议上也做出“大力推进生态文明建设”的战略决策，要求全面促进资源节约，控制能源消费总量，加强节能降耗，推进水循环利用。2014年5月26日，国务院办公厅印发的《2014—2015年节能减排低碳发展行动方案》[1]明确提出要“推广应用低品位余热利用”。目前，我国能源消费的三大领域是工业、交通、建筑，其中工业是中国能源消耗和二氧化碳排放的最主要领域，2019年，我国能源消费总量48.6亿t标准煤（tce），其中工业占比超过60%，2021年10月，国务院印发了《2030年前碳达峰行动方案》，在工业领域碳达峰行动方案中明确提出要推进钢铁行业、有色金属行业中的余热利用，推动低品位余热供暖发展。

本章分析了当前集中供暖系统与工业生产系统中的突出问题与迫切需求，指出集中供暖缺热的实质是缺少低品位热源以及高、低品位热量的合理匹配；在工业生产过程中，由于低品位热量较大且难以用于企业生产，导致该部分热量利用率低下。在对低品位工业余热进行界定与定义后，从热量的“质”与“量”的角度分析指出城镇集中供暖是低品位工业余热应用的适宜场合。本章在回顾了国内外低品位工业余热供热系统的发展历史之后，提出了低品位工业余热集中供暖的若干关键问题。针对这些关键问题进行了文献综述，结合已有文献的工作成果与存在的不足，引出了本书的主要工作内容和研究框架。

1.1　研究背景

1.1.1　我国供暖用能现状

2018年我国建筑全过程总能耗为21.47亿t标准煤，占全国能源消费总量的比重为46.5%。我国以“北岭淮水”为界，冬季实行集中供暖的地域幅员辽阔，覆盖东北、华北、西北等地。随着城镇规模的日益扩大、人民生活水平的不断提高，供暖面积以年均约10%的比例飞速增长，至2019年底已达到141亿m^2（图1-1），当年北方城镇供暖能耗为2.13亿t标准煤，约占建筑总能耗的20%。

供暖需求的“火箭式”增长，导致我国北方地区供暖热源紧缺的局面，许多城市供暖能力存在较大缺口[3]。据报道，诸多北方城市（如北京[4]、河北石家庄[5]、内蒙古赤峰、山西晋城[6,7]等）的供暖能力已经达到或者接近满负荷，集中供暖热源紧缺，矛盾日趋激化。

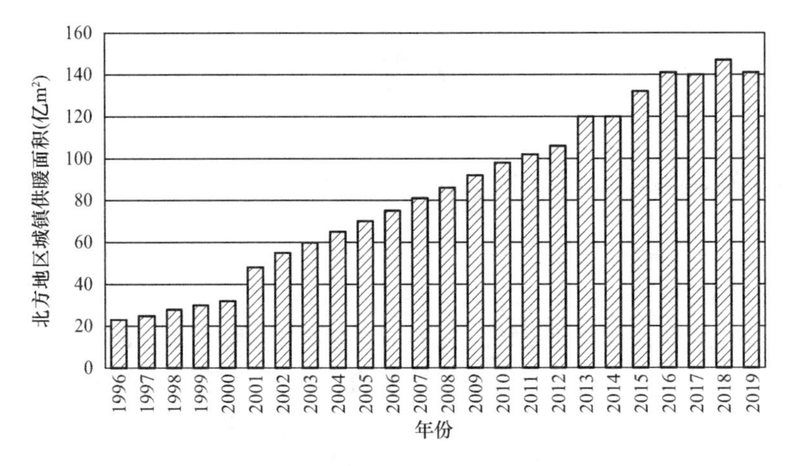

图 1-1 我国北方地区供暖面积增长情况

目前，新建大型集中供暖热源项目投资高、建设周期长，且往往受到环境容量等因素的制约而难以开展；发展小型燃煤热源，则会严重污染大气；若发展燃气和电热源，其综合成本相对较高且气电供给在严寒、极寒期极不稳定，极易影响供热安全稳定。因此集中供暖的热源建设问题成为北方很多城市十分纠结的“心病”。

在“双碳”目标下，如何在有限的气、电资源的约束下，在已经接近饱和甚至超载的环境容量制约下，解决热源紧缺的问题以保证民生，就成为当前北方地区集中供暖工作中的一个突出问题和迫切需求。

进一步深入分析，供暖热源紧缺的实质是“高能低用”，温度不对口。例如燃煤热水锅炉以化石能源的直接燃烧（燃烧温度 1000℃）提供热量，传统的热电联产以中间抽汽（蒸汽温度 150℃）为热源，目的都是满足室温维持在 20℃的需求。这些热量经过集中供暖系统的输配和多次换热，最终都是在 20℃左右的室温环境下释放出来。由此可见，供暖过程是一个热量品位急剧下降、显著损失的过程。与其说集中供暖缺少热量，不如说是目前的集中供暖系统中缺少低品位的热源以及缺乏高、低品位热量之间的配合与匹配。

为此，解决供暖热源紧缺的问题要从两方面入手：一是“节流”，即通过改善围护结构热工性能、减小末端不均匀损失及减少输配管道热损失等方式降低单位建筑面积的供暖能耗，使得在现存热源供暖能力不变的情况下可以增加供暖面积；二是“开源”，即充分利用各种潜在的余热资源，在不增加化石能源消耗的前提下提高供暖能力。

“开源”可以分为两类：狭义的“开源”意指开辟新的能源类型，例如太阳能、生物质能等；广义的“开源”则包括了从现有能源系统中挖潜得到未被利用的余能或余热，例如从热电联产汽轮机乏汽中提取余热的 Co-ah 系统[8]等。本书研究的低品位工业余热供暖系统亦属于“开源”的范畴。

1.1.2 工业能耗与余热利用现状

放眼世界，工业（狭义指制造业，manufacturing industries，本书下同）能耗在社会总能耗的构成中占有举足轻重的地位，约 1/3 的能源在工业领域被使用[9]。随着发展中国家劳动力廉价优势的显现，传统工业化国家大多已完成其工业生产向发展中国家的转移，工业能耗比重随之大幅降低。例如，英国工业能耗占社会总能耗的 1/4[10]，美国工业能耗占比则约为 1/5[11]，都低于世界平均水平。而反观新兴工业化国家的工业能耗占比则显著增加。我国作为其中的典型大国，工业部门用能多年来始终居高不下，远高于世界平均水平。工业生产受基本化学原理的支配，能源的热利用率普遍不高，尽管不断引入节能措施，大量余热在生产过程中仍以气、液、固形式排放造成散失[10,12]。有学者指出美国金属及非金属制造业中大约 20%～50%的能量以余热形式排放[13]；在土耳其，水泥制造业超过 50%的热量成为余热被白白浪费[14]。

中国作为当今世界最大的制造业国家，工业能耗占社会总能耗的 2/3[6]。相比于发达国家，我国能源利用的热效率较低，平均不足 50%[15,16]。我国工业领域存在巨大的节能潜力，“十三五”以来，工业领域以传统行业绿色化改造为重点，以绿色科技创新为支撑，以法规标准制度建设为支撑，大力实施绿色制造工程，工业绿色发展取得明显成效。产业结构不断优化，能源资源利用效率显著提升，清洁生产水平明显提高。

特别对于石油炼焦、无机化工、非金属矿物制品、黑色金属冶炼、有色金属冶炼等五大高耗能的制造业工业部门，这些工业生产环节的能源消耗占工业总能耗的 2/3，如图 1-2 所示，这一比例与世界平均水平相当。五大类高耗能工业生产环节排放的余热空间集中度高，余热品位相对较高，回收利用的潜力巨大[6,17]。

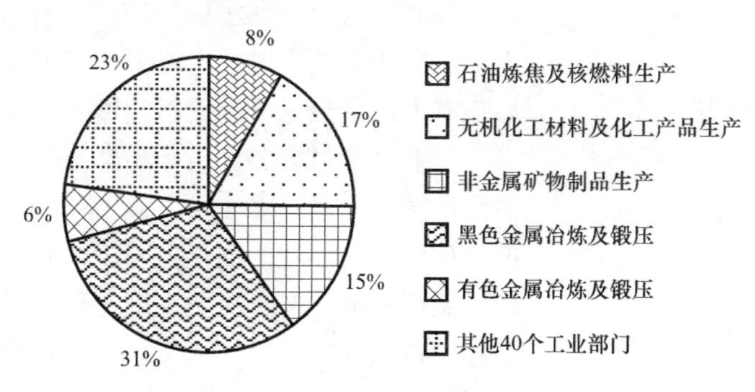

图 1-2 中国高耗能工业部门的能耗占比

数据来源：《中国能源统计年鉴 2020》，国家统计局

如表 1-1 所示，2010～2019 年的十年间，工业能耗增长较快，但从 2014 年开始趋于稳定，表明工业能耗达到顶峰，已经出现拐点。随着工业产能的控制和压减，以及生产效率的提高，工业能耗将继续降低。高耗能工业能耗也接近顶点，同样从 2014 年趋于稳定，表明高耗能工业能耗也接近顶点，2014 年后出现持续降低的趋势，高耗能工业占工业能耗的比例缓慢提高，从 2010 年的 64.1%提高到 2019 年的 64.8%，表明虽然工业能耗占比下降，但高耗能工业能耗占比依然较高，余热总量增加，密集程度较高，可利用程度提高。

如图 1-3 所示，目前世界范围内对于 200℃以上的中高品位余热已经采用以低品位热能汽轮机为代表的余热发电技术予以利用，应用场合多为新型干法水泥窑的烟气余热回收、钢铁烧结炉的烟气余热回收等[18]。近年来，中低温余热发电技术（例如低品位热能

工业能耗与高耗能工业部门能耗变化趋势（2010～2019） 表 1-1

年份	能源消费总量（万 t 标准煤）	工业能耗（万 t 标准煤）	工业能耗占总能耗的比例（%）	高耗能工业能耗（万 t 标准煤）	高耗能工业占工业能耗的比例（%）
2010	360648	261377	72.5	167628	64.1
2011	387043	278048	71.8	176755	63.6
2012	402138	284712	70.8	182178	64.0
2013	416913	291130	69.8	185353	63.7
2014	428334	298449	69.7	195373	65.5
2015	434113	295953	68.2	194481	65.7
2016	441492	295615	67.0	192566	65.1
2017	455827	302308	66.3	195316	64.6
2018	471925	311151	65.9	199672	64.2
2019	487488	322503	66.2	209011	64.8

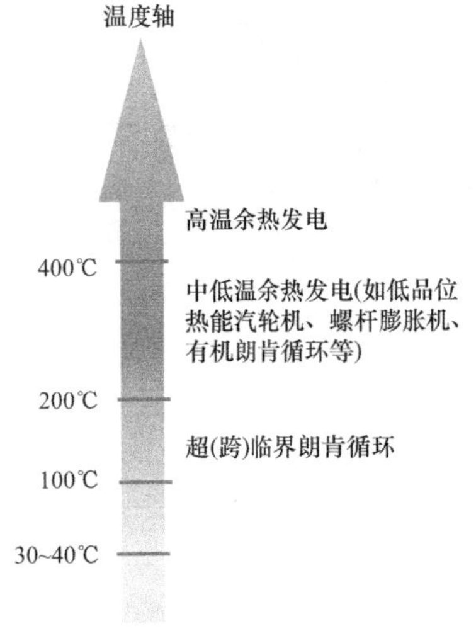

图 1-3 工业余热温度分布及利用方式

汽轮机、螺杆膨胀机及有机朗肯循环等）的推广与应用使得可利用余热的温度范围向低温方向延伸[19]，而超临界朗肯循环（或称跨临界朗肯循环，Supercritical Rankine Cycle，SRC）[20]以及卡林纳循环（Kalina Cycle）[21]等技术的日益成熟则使得 100～200℃的烟气余热利用成为可能。总的来说，目前工业领域对于低于 200℃的余热，特别是 100℃以下的低品位余热利用甚少；且由于余热发电技术效率普遍偏低，机组做功发电后仍有大量余热以低温乏汽的形式排放。

工业生产过程要求工艺参数平稳，余热排放温度在冬夏季基本不变。夏季环境温度较高，低品位工业余热的排放温度与环境温度接近，因此利用价值低；而冬季环境温度较低，余热排放温度与环境温度相差较大，因此利用价值高。图 1-4 计算了 1kW 余热在冬夏都以 50℃的温度水平排放时所含的㶲：夏季室外温度 30℃时余热含有的㶲为 61.92W，而冬季室外温

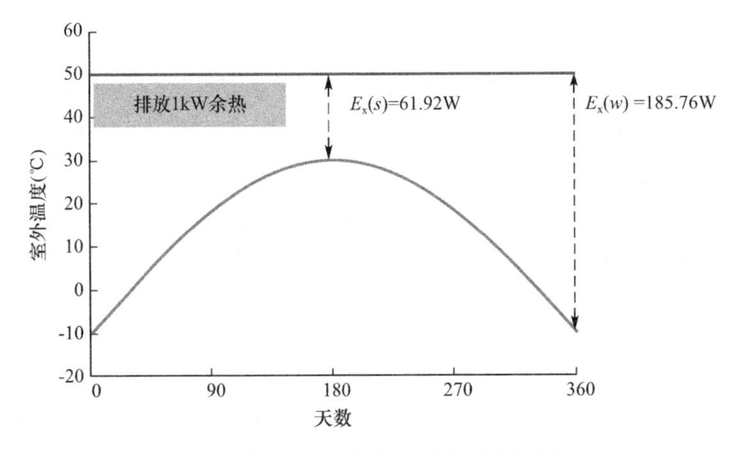

图 1-4 低品位工业余热冬夏利用价值的区别

度−10℃时含有的㶲为185.76W，约为夏季的3倍，表明低品位工业余热在冬夏利用价值差别大。因此冬季利用工业余热作为集中供暖的热源可以充分发挥其价值，而在夏季由于余热利用价值不大，因此可以在低品位下进行排放。

1.1.3 低品位工业余热的界定

以下将对本书“低品位工业余热”中的两个关键词——“工业”和“低品位”进行界定和定义。

从工业部门来看，在我国国家标准《国民经济行业分类》GB/T 4754—2017中，工业部门被划分为采矿业，制造业，电力、热力、燃气及水生产和供应业等三个大门类，每个门类又划分为若干子类。

国内外研究人员发现制造业中的石油炼焦、无机化工、非金属矿物制品、黑色金属冶炼、有色金属冶炼等行业余热集中程度较高，且大多余热品位较高[17]，具有较大的利用潜力。电力工业同样具有特别集中的余热资源，但基本是品位相对较低的冷却水余热。清华大学李岩在其博士论文[23]中对电力低品位工业余热的利用方法和技术进行了深入研究，故该工业部门不在本书的研究范围内。最终，本书中“工业”的界定范围等同于五大高耗能工业部门，即石油炼焦、无机化工、非金属矿物制品、黑色金属冶炼、有色金属冶炼。

划分余热品位时应根据研究需要，且品位的高低判别随时间推移、技术发展而变化，有些过去认为是低品位的余热现在看来就属于中高品位；此外，有些余热资源根据利用方式的不同，可能会从中高品位退化为低品位，例如黑色金属冶炼行业的高品位熔渣退化为低品位冲渣水。结合工业内部余热资源利用的技术现状及研究需要，本书中“低品位”余热主要指目前很难用来发电或提升为蒸汽的低于200℃的烟气、100℃以下的液体，对于其他一些由于规模不大及内部回收成本较高而难以利用的“中高品位”余热（例如水泥厂回转窑壁面辐射热等），只要在供暖系统中可以设计出合理的方式进行有效利用的，也一并考虑在内。

目前，工业余热的温度范围广，在工业领域中按照《工业余能资源评价方法》GB/T 1028—2018将余热资源等级划分为三个等级，该标准余热等级划分是按余热利用投资回收期划分余热资源等级，如表1-2所示。但具体的温度范围并未给出，因此本书将工业余热按照标准中给出的大致范围按照温度将余热品位分为三个等级。

余热资源等级 表1-2

余热等级	余热利用投资回收期（年）	常见余热资源举例
一等余热资源	<3	可燃性废气、废液、废料
		供热系统中的冷凝水
		400℃以上温度的烟气
		砖瓦窑炉中用于干燥胚体的低温烟气
二等余热资源	3～6	250～400℃温度的烟气
		80℃以上的冷却水
		可利用的高温排渣

续表

余热等级	余热利用投资回收期（年）	常见余热资源举例
三等余热资源	＞6	250℃以下温度的烟气
		可利用的中温排渣

高温余热（≥400℃），它包括各种烟气余热、炉渣余热等，部分来自工业炉窑，另一部分来自炉窑的直接燃烧。例如熔炼炉、加热炉、水泥窑等；还有一部分是靠炉料自身燃烧，如沸腾焙烧炉、炭黑反应炉等。中温余热（400～200℃），包括产品的显热，冷却介质余热等，主要为高温气体做功后排出的气体。低温余热（＜200℃），包括可燃废气余热，冷凝水余热等。主要来源有部分设备排放或回收处理过的中高温余热以及冷却介质余热（表 1-3）。

不同品位的余热来源及回收方式　　**表 1-3**

回收方式	高温余热	中温余热	低温余热
温度范围	≥400℃	200～400℃	＜200℃
来源	工业炉窑；熔炼炉，加热炉；炉料燃烧等	热动装置；高温气体在做功传热后	冷却介质余热；设备排放；回收利用过的中高温余热等
常见回收方式	低温汽轮机余热发电	产生蒸汽，供工艺用热	直接利用或通过热泵供热及空调

1.1.4　低品位工业余热的特点

图 1-5 为某工厂的低品位工业余热资源。图中横坐标表示热源温度范围，即热源冷却前与冷却后的温度；纵坐标表示换热强度，即热源温度在单位时间内每降低 1℃释放的热量；每一个矩形代表一个余热源，矩形面积表征余热量大小。该有色金属冶炼厂拥有近十种余热资源，既有液体余热资源、又有固体余热资源，其中“风机冷却”余热的热源是 SO_3 烟气，具有较强的腐蚀性和毒性，而“吸收酸冷却”“干燥酸冷却”余热的热源是强酸，

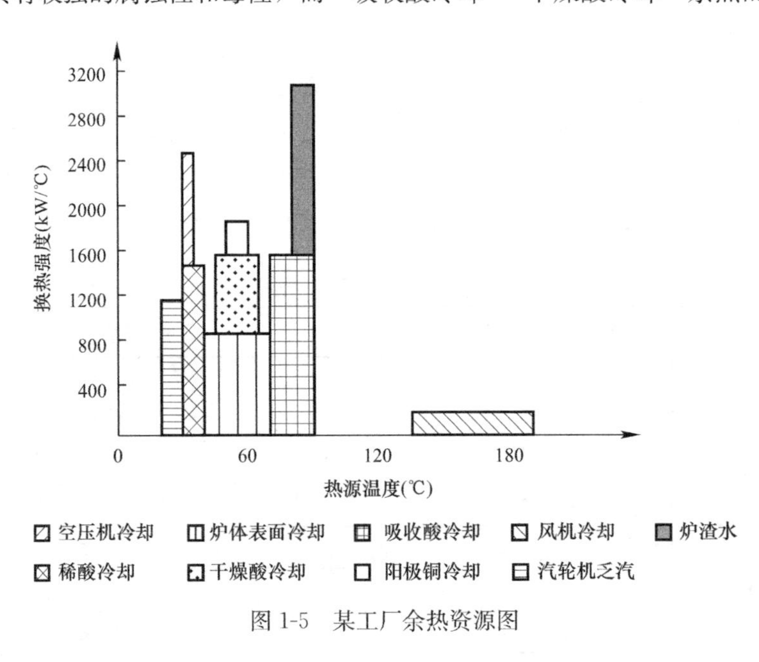

图 1-5　某工厂余热资源图

腐蚀性极强。从横坐标上看，该工厂所有余热都是低品位工业余热，且温度从30℃至200℃均有分布；各余热的品位差别很大，例如自备电厂汽轮机乏汽余热及稀酸冷却余热都在50℃以下，炉渣水余热在90℃左右，而风机冷却余热则部分高于150℃。

图1-6所示为某工厂重要生产设备（转炉）的生产制度。该工厂共有2台转炉同时工作，转炉生产过程中有余热产生，且余热量基本与转炉产量成正比。转炉生产周期分为送风期、筛炉期和停炉期三个阶段，每个周期约8h。送风期开始意味着一个新的生产周期的开始，余热也开始产生，大约持续3.5h；送风期结束后，筛炉期开始，筛炉期的产量约是送风期产量的2倍，大约持续3h；筛炉期结束后，停炉期开始，停炉时不生产，大约持续2.5h。实际生产安排中，2台转炉的生产周期略有错开，正常生产过程每时每刻都有产品产生，但产量呈现周期性波动，现场观测余热也随之源源不断的产生且呈现相同的波动特征。而当出现突发状况时（例如生产事故、原料供应链断裂等），工厂生产随之间断，余热发生也出现间断。

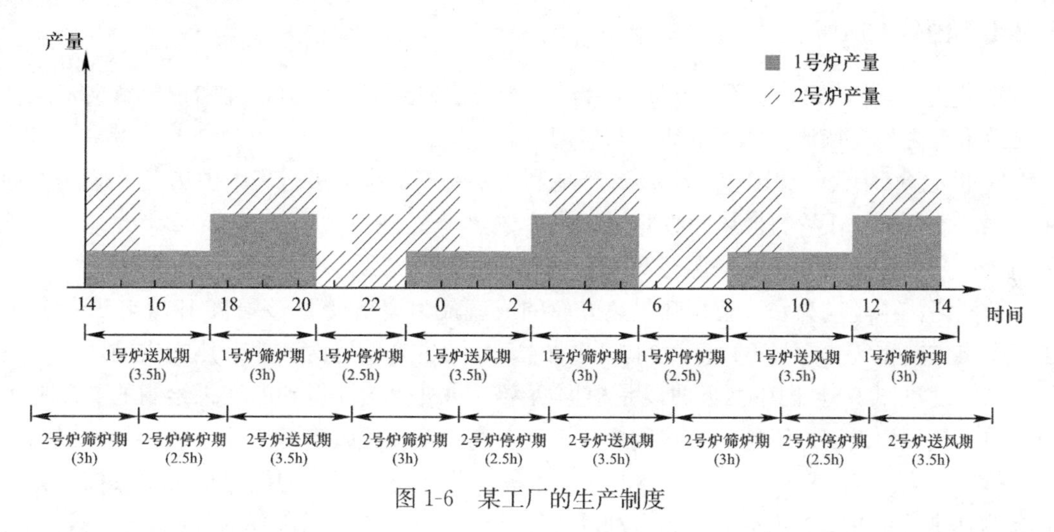

图1-6 某工厂的生产制度

如图1-7所示，某钢铁厂2018～2019年供暖季各高炉冲渣水余热供暖量数据图，通过图中曲线可知，利用冲渣水余热具有不稳定性，冲渣水余热量受工厂自身生产规律与设

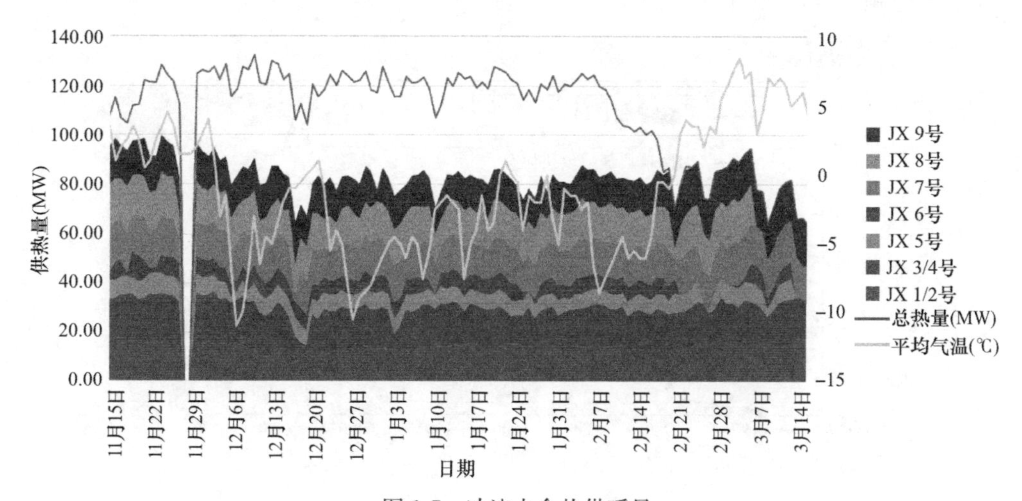

图1-7 冲渣水余热供暖量

备的轮换作息安排影响，同时与工厂停产检修以及限产问题有直接关系，因此冲渣水余热具有不稳定性，且品位低的特点，在利用冲渣水余热作为供暖热源的情况下，必须配合其他热源进行联合供暖。

总之，低品位工业余热具有以下特点：

（1）种类繁多，有些余热具有腐蚀性或毒性；

（2）品位分布参差不齐，但整体低下；

（3）余热量往往大于厂内对该品位区间热量的需求（如供暖、生活用水等）；

（4）余热的发生不稳定，热量随生产调度常出现波动甚至间断；

（5）冲渣水余热不稳定，随工厂自身生产影响，需配合其他热源联合供暖。

1.2　低品位工业余热供暖系统的发展

1.2.1　国外发展概况

20 世纪 70 年代第一次石油危机以后，国外已认识到节能的迫切性和重要意义，从技术、政策等方面支持清洁能源的研发与应用。

20 世纪 80 年代，德国 Volklingen 当地利用钢铁厂的余热进行集中供热[30]；瑞士某地将一家水泥厂 2.4MW 的余热回收并用于集中供热[31]；在荷兰 Bergen op Zoom 地区，低品位工业余热被电驱动热泵提温至 60℃后为当地供热[32]。

欧洲诸国中，瑞典在工业余热供热方面的成就最为突出[33]。该国自 1974 年开始发展工业余热供热系统。至 2008 年，全国 11%的集中供热热量是由工业余热提供的，其发展规模与速度见图 1-8，图中两条曲线是根据两家不同机构统计得到的结果绘制的。瑞典工业余热供热规模发展之迅速、余热利用之广泛，离不开该国政府对工业余热供热方式的大力支持[34]。该国自 1980 年起即对燃油征收重税，此外还有其他的能源税，税收杠杆为工业余热供热系统的发展创造了极为有利的市场条件。位于该国西南部的 Varberg 镇，2001 年开始利用周边造纸厂（Sodra Cell AB）的余热进行供热。2008 年，375TJ 的余热被回收，相当于全镇 74%的集中供热热量[33]。

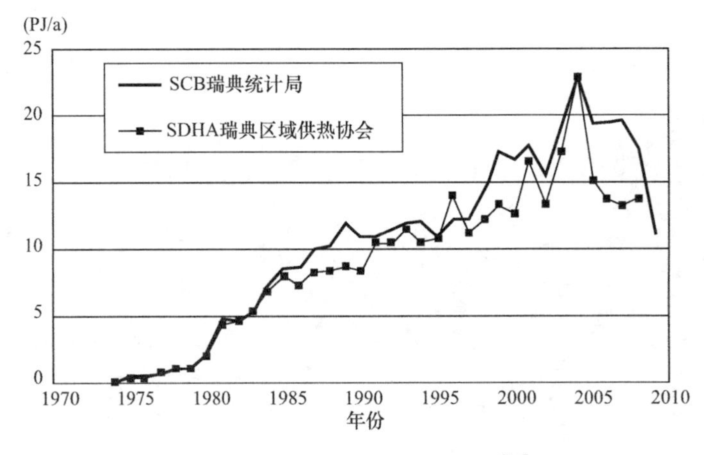

图 1-8　瑞典工业余热供热规模[33]

图 1-9 为美国玻璃制造流程图，美国玻璃工业可分为四个主要分部门：平板玻璃（占年产量总吨数的 25%），容器玻璃（50%），特种玻璃（10%）和玻璃纤维产品（15%）。在四个分部门之间，余热回收潜力约为 43PJ/a。余热回收在玻璃工业中已经很普遍，超过一半的玻璃生产炉是再生和回收炉。在生产炉中，总能量输入约 45%用于熔化装料（由新批料和碎玻璃组成），并且在废气中损失 27%。

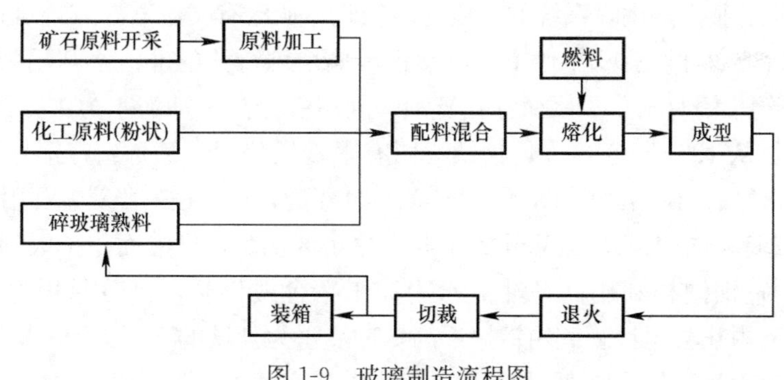

图 1-9 玻璃制造流程图

余热损失的三个主要原因是炉壁的对流和辐射损失、开口和间隙的辐射损失以及烟道/废气损失。说明在这里，只有 27%的能量输入消耗在废气中，18%通过炉壁损失。余热损失占比见图 1-10，虽然大量的再生和回收炉有助于玻璃工业减少废气中的热量浪费，但它们只能捕获一部分余热，还具备一定改进的潜力。

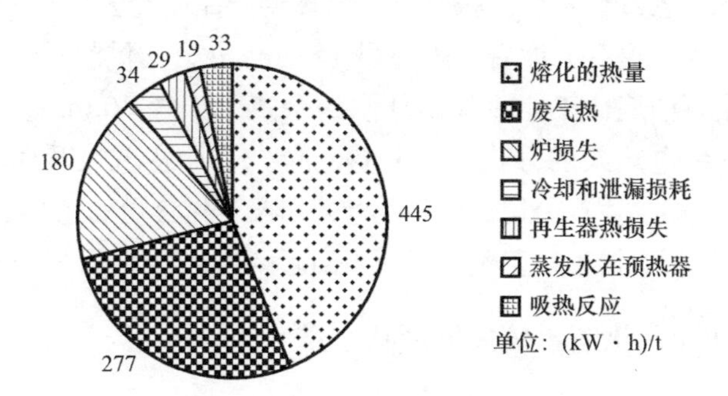

图 1-10 各流程中存在的余热量

1.2.2 低品位工业余热集中供暖系统的适宜性

供暖时室温一般要求在 20℃左右，理论上 20℃以上的热源都可以被用于供暖，低品位工业余热完全可行。再者，集中供暖系统具有稳定而巨大的热量需求，可以“消化”工厂内“消化”不了的低品位热量。此外，集中供暖系统的热需求随室外温度变化，室外温越低时需要的热量越多，而低品位工业余热的利用价值也随外温降低而提升，即外温越低时值得利用的低品位工业余热也越多。

对比低品位工业余热用于发电与用于供热这两种方式，可以发现：低品位工业余热若用于发电，则在夏季环境温度较高时发电效率低下，甚至在实际工程应用中无法发电，而仅仅在冬季可以产电；但用电负荷的一般特点是夏季高于冬季，只在冬季发电可能会影响电网上其他的发电电源，因此不一定是最合适的途径；而建筑供暖的冬季需求远高于夏季，因此冬季供暖不仅不会影响别的热源，还可以节约用于供暖的化石能源消耗。因此，城镇集中供暖是低品位工业余热应用的适宜场合。

1.2.3 国内发展概况

我国低品位工业余热供暖系统的发展起步较晚。从已有文献看，有迹可循最早的成功工程案例可能始于20世纪90年代末，以黑色金属冶炼行业的冲渣水利用为代表。例如，从1997年起济钢集团有限公司（简称：济钢）利用部分高炉冲渣水为13万m^2的厂内小区进行供暖[35]。从1999年起，宣化钢铁集团有限责任公司（简称：宣钢）利用高炉冲渣水为职工宿舍楼供暖，供热面积30万m^2。从2009年起，该厂进一步对未利用的高炉冲渣水进行余热利用设计，向距离产区3km的企业自建小区供暖，供暖面积扩大到50万m^2[36]。从1999年起，宣钢同样利用高炉冲渣水为职工宿舍楼供暖，供暖面积为30万m^2[37]。2011年，河北省内丘县也计划利用钢铁厂高炉冲渣水为县城的200万m^2规划建筑面积进行供暖[38]。随着大型钢铁企业低品位工业余热供暖实践的不断深入开展，钢铁厂内一些更低品位的余热也开始得到重视并被利用。例如，2011年冬季，唐山某钢铁公司利用厂内30～40℃的低温循环水向4km远处的小区进行供暖，供暖面积约100万m^2[39]。

近年来越来越多黑色金属冶炼行业以外的高耗能工业部门也陆续参与到低品位工业余热供暖的实践中来。2009年底，大庆一家采油厂利用热泵回收含油污水中的低品位工业余热，为附近8000m^2建筑供暖[40]。张家口一家玻璃产品制造公司也利用热泵将冷却水中的低品位工业余热回收并提升温度后，为公司6000m^2办公楼供暖[41]。2012年冬季，石家庄循环化工基地利用石油炼化工业冷却循环水的余热为半径10km以内的居民小区供暖，通过在末端热力站安装电热泵的方式提升余热品位，首期实现供暖面积8万m^2[5]。2018年，淄博市通过回收丙烯酸生产公司、玻璃制造公司及石化公司的余热搭配燃气锅炉，通过吸收式热泵降低一次网回水温度，实现了淄博市高新区的余热供暖，供暖面积约480万m^2。

1.2.4 低品位工业余热供暖系统发展现状小结

目前绝大多数低品位工业余热供暖系统的形式主要可分为两类：

（1）利用特殊换热设备回收低品位工业余热中较高温度热源（如钢铁行业的高炉冲渣水）的热量，用于厂区或周边小区的供暖；

（2）利用电热泵、吸收式热泵等热功转换设备回收低品位工业余热中较低温度热源（如冷却循环水）的热量，提升温度后进行供暖。

总的来看，已有的低品位工业余热供暖系统多数存在以下不足：

（1）供暖规模较小，以小区规模为主，只利用了工厂内少部分余热；

（2）取热过程相对单一，仅仅回收单个热源的热量，或是并联回收多个热源的热量，再将取热热水混合后供出；

（3）基本不涉及热量的远距离输配，回收的热量只为厂区或相邻小区供暖；

（4）热源与末端负荷需求调节不系统、不合理，或是简单地利用工厂内原有冷却设备（例如冷却塔）进行散热。

1.3 工业余热政策变化时间线

我国始终高度重视应对气候变化，坚持绿色发展、循环发展、低碳发展，为达到我国工业节能降碳，近些年我国颁布了许多关于工业余热余压利用的政策与方案，2012 年出台的《节能减排“十二五”规划》中提出要加大节能减排的力度，2014 年 5 月 26 日，国务院办公厅印发的《2014—2015 年节能减排低碳发展行动方案》[1]明确提出要“推广应用低品位余热利用”。2015 年 11 月国家发改委印发了《余热暖民工程实施方案》的通知，提出要充分回收利用低品位余热资源用于城镇供热，2016 年 4 月推出《工业节能管理办法》，该办法指明了方向，鼓励工业企业创建“绿色工厂”，开发应用智能微电网、分布式光伏发电、余热余压利用和绿色照明等技术，发展和使用绿色清洁低碳能源。2016 年 11 月推出《“十三五”国家战略性新兴产业发展规划》推进燃煤电厂节能与超低排放改造、电机系统节能、能量系统优化、余热余压利用等重大关键节能技术与产品规模化应用示范。2017 年 10 月推出《产业关键共性技术发展指南（2017 年）》，钢铁制造流程余热减量化与深度化利用技术主要技术内容：焦炉烟气余热梯级利用技术、荒煤气余热回收发电技术等余热回收技术。2019 年 2 月 14 日推出《绿色产业指导目录（2019 年版）》，绿色产业包含余热余压设备制造。2020 年 11 月推出《国家工业节能技术装备推荐目录（2020）》，目录包括流程工业节能改造、余热余压节能改造等 5 大类 59 项工业节能技术。涉及的余热发电技术包括新型水泥熟料冷却技术及装备等。2020 年 12 月 23 日推出《关于清理规范城镇供水供电供气供暖行业收费促进行业高质量发展的意见》，对余热、余压、余气自备电厂继续减免系统备用费，自 2021 年 3 月 1 日起实行。2021 年 10 月，国务院印发了《2030 年前碳达峰行动方案》，在工业领域碳达峰行动方案中明确提出要推进钢铁行业、有色金属行业中的余热利用，推动低品位工业余热供暖发展（图 1-11）。

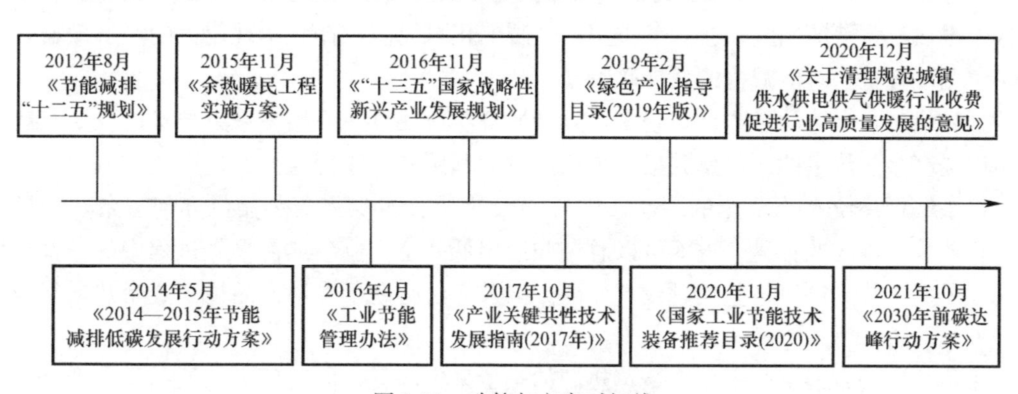

图 1-11 政策与方案时间线

1.4 低品位工业余热集中供暖系统关键问题

为了实现低品位工业余热应用于大规模的城镇集中供暖，必须解决若干关键问题，可以将这些关键问题归纳为宏观与微观两个层面。

宏观层面的关键问题是低品位工业余热信息统计，就是要探索规模以上高耗能工业部门的低品位工业余热量有多少，其行业分布、品位分布如何的基础问题。这些问题背后的数据关乎一个地区乃至国家能源战略的制定，掌握这些基础数据是低品位工业余热集中供暖系统在该地区或国家建立、推广的前提条件。

要将低品位工业余热安全、可靠、高效地从工厂传递至热用户，同时满足工厂的散热任务与热用户的供暖任务，还需要解决微观层面的技术问题，包括：单个余热的采集、多个余热之间的整合与输配以及系统运行调节等，如图 1-12 所示。确定每一个环节在余热供暖过程中的本质问题、优化目标和优化方法，是低品位工业余热集中供暖在工程实践中得以顺利实现的根本保证。

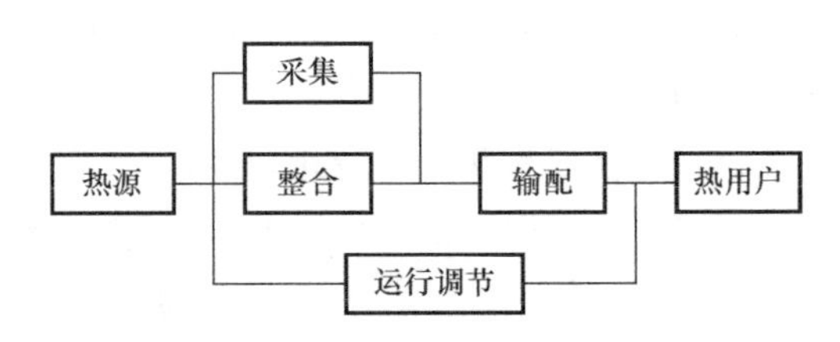

图 1-12　低品位工业余热集中供暖系统的关键问题

1.5　研究低品位工业余热清洁供暖的意义、目标、技术路线

1.5.1　研究的意义

低品位工业余热应用于集中供暖，是工业余热利用与集中供暖的一项创新，也是转变经济发展方式的有益尝试。通过利用冬季工厂排放的低品位工业余热为城镇集中供暖系统提供热源，既在很大程度上提升了工业部门的能源利用率并节约工业用水，又解决了北方地区供暖热源紧缺的问题，减少冬季用于供暖的化石能源消耗并实现较大的经济效益，符合国家循环经济、节能减排的发展政策。

低品位工业余热的热源种类繁多，且特性鲜明。任意一项相关采集技术的发明与改进都可以提高余热热量的回收率并提升余热热量的利用品位或价值。通过广泛的调研，一方面可以了解低品位工业余热的现状，即回答余热量有多少、余热品位如何、余热地域分布、行业分布等问题；另一方面可以总结归纳出低品位工业余热在采集过程中的一些共性问题或矛盾，找到解决这些问题或矛盾的方向及方法有助于推动低品位工业余热采集技术的开发与改善。

采集技术的发展解决了单个余热热源的热量采集问题，但工厂内的低品位工业余热热源并非单一，在余热利用过程中面临的往往是多热源问题，即需要对多个热源的整合方式、取热流程进行设计和优化，通过参数的合理匹配，使得余热进入城市热网并能满足供暖的需求。

余热的采集与整合使得热量从工厂进入了热网，需要经由热网的输配方能为末端用户所利用。根据城镇规划的要求，工厂与居民区之间的距离往往较长，输配过程若不能经济高效，就会极大地阻碍余热的输送，甚至由于管网输配能力的限制使得余热供暖的目标无法实现。需要通过创新供暖末端形式与优化输配方式，增加低品位工业余热利用的半径，将更多城镇周边的余热纳入热网中来，最大限度地提高低品位工业余热的利用率。

无论是余热调研、采集、整合与输配问题，解决的都是低品位工业余热供暖系统的单工况设计问题。当低品位工业余热供暖系统建立起来后，将面临整个供暖期内的全工况运行问题。系统的安全性和可靠性关乎这一供暖模式是否能被人们所认可，因此运行调节显得尤为重要。一方面要对低品位工业余热在集中供暖系统中应起到的作用进行恰如其分的定位，另一方面要设计合理的运行调节方式，保障系统安全可调。

在充分调研低品位工业余热信息的基础上，解决余热采集、整合与输配的设计、优化问题与系统运行调节的问题，是推广低品位工业余热应用于城镇集中供暖这一新模式的技术前提。解决上述关键问题，实质就是将热源、热网、末端用户三者视为整体，统筹优化，系统化地打破低品位工业余热应用于城镇集中供暖的技术障碍，使得更多的低品位工业余热从工厂更经济地输配出去，更安全、可靠地被末端用户所利用。

1.5.2 研究目的

基于对上述关键问题既有研究已取得的成果及尚存在的不足，确定出本书的研究目标如下：

(1) 建立低品位工业余热信息统计的方法体系，用于指导不同目标下的低品位工业余热信息统计工作。

(2) 对已有理论进行改造，构建适用于本书微观层面关键问题研究的理论体系、工具与指标。

(3) 利用建立的理论方法与工具，定性描述低品位工业余热应用于城镇集中供暖各关键问题的优化目标，定量刻画各关键问题的优化方法，从而指导系统全局及局部环节的设计与优化，具体包括：

1) 分析低品位工业余热供暖过程的本质，揭示各关键问题的优化目标和解决方法；

2) 构建低品位工业余热的分类系统，对低品位工业余热采集过程中的共性突出问题进行归纳总结，指出其中的技术难点，指导采集技术的改善；

3) 搭建低品位工业余热整合方法的理论平台，用以指导取热流程的设计与优化；定量分析回水温度对低品位工业余热整合与输配的影响；

4) 设计适合低品位工业余热供暖系统的系统运行调节方法。

1.5.3 研究框架与技术路线

根据上述研究目标，制定本书的研究框架，选定技术路线，如图 1-13 所示。

本书的研究遵循理论研究、方法及工具研究、具体问题研究、工程实践研究的层次顺序，围绕低品位工业余热应用于城镇集中供暖的关键问题逐步展开。

在理论研究的层次，从热力学基本定律出发，基于炽分析及㶲分析的理论，对低品位工业余热供暖的本质进行研究，进而分析各关键问题的实质及相互之间的联系。

在方法及工具研究的层次，应用 T-Q 图工具，结合理论研究的结果，对各关键问题优化的目标进行研究，找出对优化过程或优化方向有益的指标或判据。

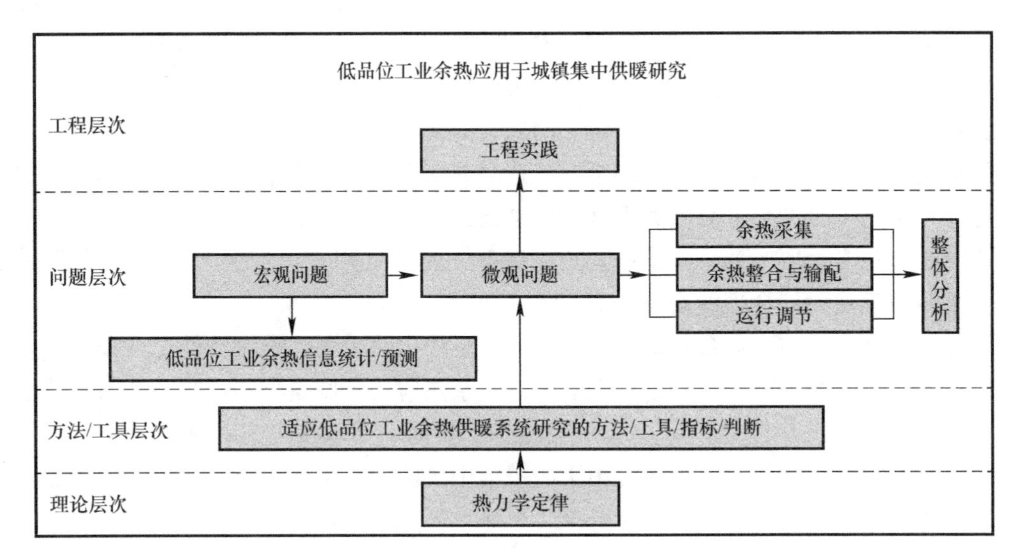

图 1-13　本书研究框架与技术路线

在具体问题研究的层次，针对各关键问题的优化目标，利用具体的工具、指标或判据，找出优化的方法与技术。

在工程实践研究的层次，应用本书提出的理论方法解决实际问题。

本书的研究是为了解决低品位工业余热应用于城镇集中供暖的关键技术问题，紧密围绕工程需要，是从工程实际问题中来，到工程实际中去的。出于这样的目的，本书在理论研究与工程实践两方面双管齐下、相互促进、知行合一。一方面，关键问题的提炼与阐释源于工程实践：在工程实践的过程中不断发现现象、总结规律，最终归纳出一般性的理论与适用的方法，以进一步指导工程实践的完善与推广。另一方面，工程实践是理论研究的重要平台：可以将研究得到的具体解决方法与技术付诸实施或实验，从而在验证理论正确性的基础上不断扩充可应用于该系统的方法与技术。

第2章

低品位工业余热供暖过程的本质

第1章指出低品位工业余热应用于城镇集中供暖存在若干关键问题需要解决，包括低品位工业余热信息统计，低品位工业余热采集、整合与输配，以及系统运行调节等。这些关键问题看似独立存在，实则通过供暖系统中介质（供暖热水）与能量（供暖热量）的流动和传递而紧密相连。余热的采集、整合与输配过程相互影响和制约，“牵一发而动全身”：每一个环节都有各自的优化目标，不同环节的优化结果会改变相应的温度和热量参数；任意环节参数的改变也会对其他环节产生影响。这就给低品位工业余热供暖系统整体的设计与优化带来一系列问题：如何确定优化目标？每一个环节优化的实质是什么，优化结果会产生怎样的实际影响？应用于任意环节的优化方法、技术与设备对于该环节乃至整个系统的优化在本质上起到了怎样的作用？

本章应用炽分析理论和 T-Q 图工具，揭示了低品位工业余热供暖过程的本质与目标，并对低品位工业余热供暖关键问题进行了系统化的理论解读。通过对炽耗散的拆分及对各环节不完善度、等效热源的定义，对上述一系列问题进行了定性的阐释，并引出后续章节的研究内容。

2.1 基本概念

（1）烟

烟是一个既能反映数量又能反映各种能量之间“质”的差异的统一尺度。可用能是热力学分析中比较容易理解的概念。它可以分为两类，一类是热量的可用能，表示在温度 T_0 的环境下，从温度为 T（$T>T_0$）的热源吸取的热量 Q 所能完成的最大有用功；另一类是系统的可用能，它代表闭口系在与环境的相互作用中，从给定状态（初态）到达与环境相平衡的状态（终态）时，闭口系所能完成的最大有用功。

当系统由任意状态可逆地变化到与给定环境相平衡的状态时，理论上可以无限转换为任何其他形式的那部分能量，称为烟 E_x。表达形式为 E(系统能量)$=E_x$(烟)$+A_nu$(炕)。

（2）炽

传热学是研究包括导热、对流、辐射和相变传热等不同传热形式的热量传递规律的学科。自从傅里叶在1822年提出导热定律后，直到19世纪末偏微分方程才可以求解，从而促进导热研究的发展。对流传热的研究始于牛顿冷却定律，此后基于1904年普朗特的边界层理论得到了进一步的发展，但是到20世纪50年代才比较成熟。1900年普朗克的黑体辐射理论带动了热辐射的研究，随着固体物理学科的发展，到了 20 世纪 60 年代达到了能够实际应用的阶段。随着计算机的飞速发展，在 20 世纪 80 年代形成了计算传热的新方向。为了适应集成度越来越高的微电子器难于散热的要求，20 世纪 90 年代兴起了微纳尺度传热的研究方向。而 21 世纪初出现世界性的能源短缺，这要求提高能源利用效率，然而基于熵产分析的热力学优化理论并不适用于传热过程性能的优化，从而导致炽理论的提出和发展。

炽理论的形成经历了三个阶段，第一阶段是研究对流换热的物理机制，即对流换热相当于有内热源的导热问题，第二阶段是提出了场的协同原理，即速度场与热流场的协同能强化对流换热的性能，而且能统一各种传热强化方式的物理机制。在上述两个阶段的基础上，第三阶段建立了包括具有新的物理量、新的分析方法和新的优化原理的炽理论。

为什么需要引入新物理量——炽？随着社会和科技的发展，传热学面临两方面的挑战。

（1）能效需求层面。由于各种能量利用过程中，90％需要通过传热过程实现，世界性的能源短缺和环境的保护要求优化传热过程的性能以提高能源利用效率。然而在传热学只有传热强化的理论和技术，而没有能够提高能效的传热优化理论和技术。虽然很多研究人员应用最小熵产原理等热力学理论来分析和优化传热过程性能，但是众多实例表明，基于熵产分析的热力学优化理论并不适用于传热问题的性能优化。

（2）学科发展层面。一方面，传热学中傅里叶导热定律和牛顿冷却定律等基本上都是实验性的定律，然而极端条件下，傅里叶导热定律不再适用。另一方面，对于传热过程的性能，只有描述局域参数的微分方程的分析方法，而没有类似于分析力学中着眼于全局的变分分析方法，这就是为什么现有传热学中没有传热过程的整体优化理论的原因。而缺乏着眼于全局的变分分析方法则是由于现有热学中还缺少一些物理量和基本原理。因此，传热学要成为一门具有相对独立知识体系的分支学科，还需要进一步发展和完善。傅里叶曾认为："无论力学理论研究范围如何，它们都不能用于热效应，这些热效应构成一个特殊的现象类，它们不能用运动和平衡的原理来解释。"然而，尽管"热"这种能量与其他形式的能量有很大的不同，但是过分强调热现象的特殊性是传热学中缺少一些物理量和基本原理的原因。各学科之间不可能是相互无关联的，就如普朗克所说："科学是内在整体，它被分割为单独的部门，不是取决于事物的本质，而是取决于人类认识能力的局限性。"

为了更科学地研究传热过程的优化，需要从学科层面上另辟蹊径，重新思考。传热学是一门相对成熟的学科，但是理论关系不强，大多是经验关系式。热学、力学和电学都是物理学的分支学科，在它们之间必然存在着一些具有共性的物理量和规律。由于导热理论中的傅里叶导热定律与导电理论中的欧姆定律相似，早在 21 世纪 50 年代就有学者采用电热模拟试验方法求解复杂的稳态和瞬态导热问题。2001 年，夏再忠提出导热过程中有某种"阻力"，"阻力"的存在导致了热量乘温度这个物理量的损失，称其为热势损失。他还在无穷小温差的条件下，将质量为 m、定压比热容为 c_p 的物体从温度 $T=0$ 可逆加热到温度 T，推导得到了该物体的热势，$Q_h=mc_pT^2$ 其中 mc_p 是物体的热容量，而后过增元等又将其称为热量传递势容。

随后通过比拟法引入新物理量炽——在传递过程中，导热过程的热量应与导电过程的电量和流动过程的质量相对应，各物理量的单位对照如表 2-1 所示。此时，导热过程中缺少了一个与导电过程的电势能和流动过程的重力势能相对应的物理量。因此，过增元等专家引入了一个与它们相对应的物理量煅——与电容器中的电能相对应，它具有物体热量的“能量”的性质。一个物体的煅就代表了该物体传递热量的总能力。它是定容条件下物体中的热能（广延量）与温度（强度）乘积的一半：$J=\frac{1}{2}Q_{v}h=\frac{1}{2}UT$，鉴于熵这个字来源于热量除以温度，所以把此新物理量称之为煅，具有“热势能”的含义。电容器中的电能反映了它在一个时间段内传递电量的能力。因此，不可压介质的物理意义就是物体在一个时间段内传递热量的能力。

导热与导电比拟中物理量及单位的对照表　　**表 2-1**

电容量 Q_{ve}（C）	电流 I（A）	电阻 R_e（Ω）	电容 $C_e=\frac{Q_{ve}}{U_e}$（F）
热容量 $Q_{vb}=Mc_VT$（J）	热（量）流 Q_h（J/s）	热阻 R_h（s·K/J）	热容 $C_h=Q_{vh}/T$（J/K）
电势 U_e（V）	电流密度 q_e（C/m^2）	Ohm 定律 $q_e=-K_e\frac{dU_e}{dn}$	$E_e=\frac{1}{2}Q_{ve}U_e$（J）
热势 $U_b=T$（K）	热流密度 q_h［J/(m^2·s)］	Fourier 定律 $q_e=-K_h\frac{dU_h}{dn}$	—

2.2　煅耗散与 T-Q 图

2.2.1　煅耗散

热量在介质中的扩散传递过程与电流通过导体介质、流体通过多孔介质的扩散传递过程是不可逆过程。电流通过电阻时耗散的是电能，流体流动因摩擦阻力耗散的是机械能，而热量流过介质时，热量是守恒的，因热阻而耗散的则是煅，它可以从热量守恒方程中导出。

因此近年来，人们引入了一个称为煅的新物理量来描述系统在一定时间内的传热能力，已有研究表明，对于仅以加热或冷却流体为目的的传热过程，煅耗散率相对于熵产率更适合作为产热过程中不可逆性的度量。本书余热回收目的是将冷水加热到高温状态，因此以煅耗散作为余热回收系统传热的度量。

冷、热流体因有限温差传热引起的煅变化为：

$$J_{h,out}-J_{h,in}=\int_{0}^{Q}-T_{h}dQ$$

$$J_{c,out}-J_{c,in}=\int_{0}^{Q}T_{c}dQ \tag{2-1}$$

其中，下标 in 和 out 分别表示流体入口和出口，h 表示热流体，c 表示冷流体。换热器中因冷、热流体有限温差传热引起的总煅耗散为进入换热器的总煅流减去流出换热器内部的总煅流。

同时煅耗散也可以表征导热过程的效率，在稳态导热过程中，因为煅存在耗散而不守恒，所以可用输入/输出的数量来定义导热过程的效率。对于图 2-1 所示的一维稳态导

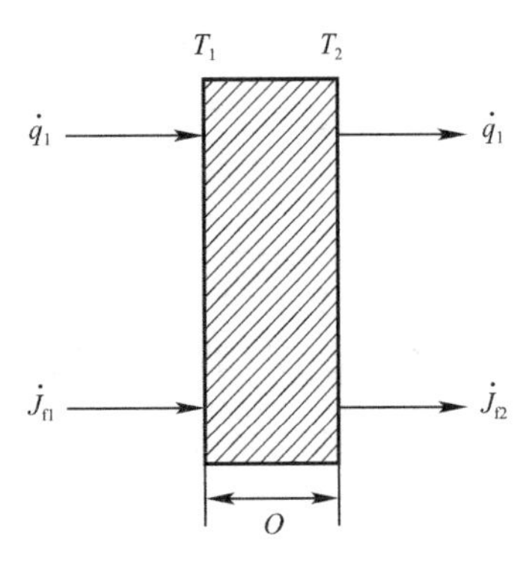

图 2-1　一维稳态导热过程

热过程，从平板输出的炽流密度和输入平板的炽流密度之比就是导热过程的效率，或称为导热过程的炽传递效率：

$$\eta=\frac{\dot{j}_{f1}}{\dot{j}_{f2}}=\frac{\dot{q}_2 T_2}{\dot{q}_1 T_1}=\frac{T_2}{T_1} \tag{2-2}$$

炽传递效率具有明确的物理意义：当一定的热量通过平板时，其温度下降越大，意味着炽耗散越大，则炽的传递效率越低。

传递过程的不可逆是因为过程中有阻力，导致传递能量的耗散。传递的某种能量总是因耗散而越来越少，从而可以通过该种能量的耗散来定义不可逆运输过程的效率。由于炽具有能量特性，并且在传递过程中必然存在耗散，所以可用炽耗散来定义导热过程的效率。

2.2.2　等效热阻原理

热传导过程的阻抗称为介质的热阻，它等于温差除以热流。对于多维导热，特别是对于非等温边界条件的传热问题很难定义介质的热阻，现在由于有了炽耗散 ΔJ 的概念，对于给定热流边界条件的多维导热问题，可以等效物体的当量热阻为：

$$R_{\mathrm{h}}=\Delta J / Q_{\mathrm{h}}^{2} \tag{2-3}$$

对于温度边界条件给定的情况，当炽耗散最大时，则当量热阻最小。

2.2.3　传热过程的 T-Q 图

基本解释：

基于炽这个物理量，可以构建能够直观、定量反映传热过程不可逆性的温度-热流图，即图 2-2 所示的 T-Q 图。其中 T 代表温度，下标 c 和 h 分别代表冷热流体，下标 in 和 out 分别代表进出口。Q 表示热量或热流率。

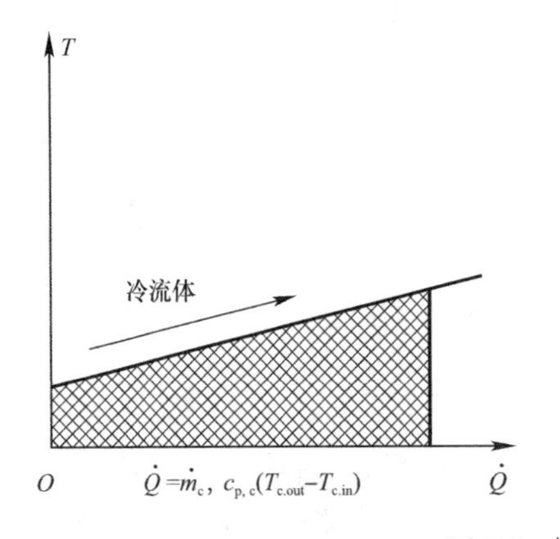

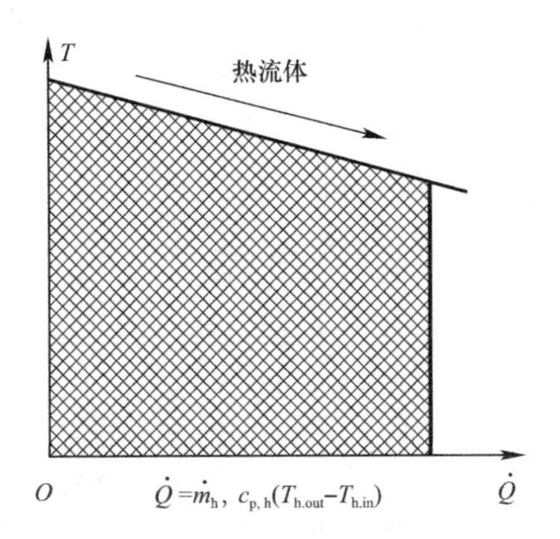

图 2-2　炽流与炽耗散

冷流体温度曲线横坐标轴包围的阴影面积，就等于在换热过程中输入冷流体的炽流；而热流体温度曲线与横坐标轴包围的阴影面积，就等于在换热过程中从热流体输出的炽流。所以，图中的阴影面积就等于从热流体输出与输入冷流体的炽流之差，它就是换热器中传热过程的总炽耗散。

相关公式说明：

$$
\begin{aligned}
&Q_1 = c_1 m_1 \mathrm{d}t_1 = c_1 m_1 (T_1' - T_1'') \\
&Q_2 = c_2 m_2 \mathrm{d}t_2 = c_1 m_1 (T_2' - T_2'') \\
&k_1 = (T_1' - T_1'')/Q_1 = 1/c_1 m_1 \\
&k_2 = (T_2' - T_2'')/Q_2 = 1/c_2 m_2 \\
&J = \frac{1}{2} McT^2 = \frac{1}{2} Q_h T \\
&J_1 = \frac{1}{2} \times Q_h \times \frac{1}{2} \times (T_1' + T_1'') = \frac{1}{4} \times Q_h \times (T_1' + T_1'') \\
&J_2 = \frac{1}{2} \times Q_h \times \frac{1}{2} \times (T_2' + T_2'') = \frac{1}{4} \times Q_h \times (T_2' + T_2'') \\
&\Delta J = J_1 - J_2 = \frac{1}{4} \times Q_h \times (T_1' + T_1'') - \frac{1}{4} \times Q_h \times (T_2' + T_2'') \\
&\quad = \frac{1}{4} \times Q_h \times [(T_1' + T_1'') - (T_2' + T_2'')]
\end{aligned}
\tag{2-4}
$$

（1）图 2-3 中线段的斜率（k）表示流体热容（J/K）或热容流量（W/K）的倒数。

（2）两条线段的阴影面积表示冷热流体换热过程中的炽耗散（炽损失），炽耗散表征传热过程中热量品位的损失，炽耗散越大，热量品位损失越大；同时，炽耗散也可以表征热量传递过程的动力，炽耗散越大，热量传递的动力越大，需要的换热条件（如换热器 KF）越宽松。

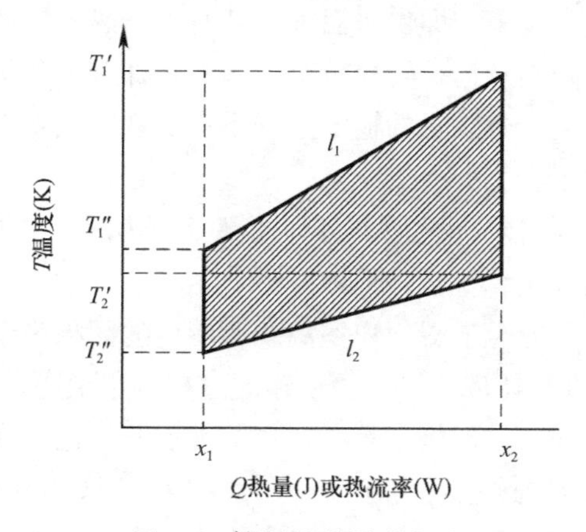

图 2-3　炽耗散的图形表示

2.3　基于炽分析理论的低品位工业余热供暖过程分析

2.3.1　低品位工业余热供暖过程的 T-Q 图与炽耗散

图 2-4 给出了低品位工业余热供暖过程的 T-Q 图。对于一个低品位工业余热供暖系统

而言，余热热源的性质（热量与品位）与末端的热需求（热量与室温）一旦确定，在不考虑热量传递过程中的损失时，热源（图 2-4 中实线线段所示）与室温（图 2-4 中虚线线段所示）之间围合的面积就固定下来。炽分析理论指出，换热过程中 T-Q 图上冷、热流体之间围合的面积即为热量传递过程中的炽耗散，且面积越大时炽耗散越大，反之亦然。因此在上述条件下，整个低品位工业余热供暖过程的总炽耗散是一定的，即 ΔJ 为固定值。

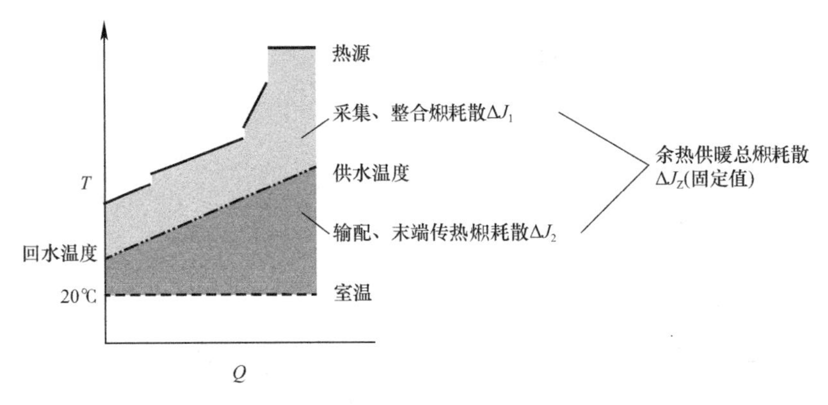

图 2-4　低品位工业余热供暖过程 T-Q 图

在工业余热热源与末端用户的室温之间划出一条斜线（双点划线所示），表示的是热网一次侧热水，其起点是一次侧的回水温度，终点是一次侧的供水温度，斜率的倒数表示一次侧热水的热容流量（W/K）。热网一次侧的回水温度受到末端形式及运行工况的影响，一般予以给定，即首先确定热水线的起点。在确定热水线终点位置时，一般根据实际工程中工厂热源与末端热用户之间距离远近、管网管径大小、输配条件优劣等决定，以满足工程需求为宗旨。热水线终点越高，即供水温度越高时，余热热量的输配过程更易实现，可以适应热源与热用户之间距离较远、管径较小、输配条件较差的场合；反之，热水线终点越低，即供水温度越低时，余热热量的输配过程不易实现，主要对应余热就近供暖、管径较大、输配条件较有利的场合。

其中热网一次侧热水线将总炽耗散划分为两部分：热网一次侧热水线上方至余热热源线所围合的面积表示余热采集、整合过程中的炽耗散 ΔJ_1，对应热量的传递过程发生于工厂内；热网一次侧热水线下方至末端用户室温线所围合的面积为余热输配及末端传热过程（以下以“输配”代指）的炽耗散 ΔJ_2（关于输配过程的炽耗散即末端传热过程的炽耗散拆分由于涉及诸多末端形式，情形繁多复杂，本节不展开讨论，在第 6 章相应部分进行了初步探讨），对应热量的传递过程发生于工厂外。显然，总炽耗散为两部分炽耗散之和 ΔJ_z，即包括采集、整合、输配、末端传热的炽耗散：

$$\Delta J_z = \Delta J_1 + \Delta J_2 \tag{2-5}$$

对于一个低品位工业余热供暖系统，用于回收余热的取热热网水回水温度由热网外界决定，不随取热流程而改变。此时改变取热热水的流量（即热容），在取热过程能够实现的情况下，供水温度（工厂取热热水的出口温度）就会相应改变。对应在 T-Q 图上，改变热网一次侧热水线的斜率即可改变一次侧供水温度。此时总炽耗散不变，但两部分炽耗散 ΔJ_1 与 ΔJ_2 的大小发生改变，一方减小的同时另一方增大，两者在总炽耗散 ΔJ_z 中所占的比例相应发生变化。

2.3.2　低品位工业余热供暖过程的目标

任意一个低品位工业余热供暖系统都将工厂与热网和末端热用户联系起来。工厂内热网一次侧热水所回收的余热热量 Q 和工厂出口处的供水温度 τ_g 关系到供暖过程的质量与效果，是余热供暖过程的两个重要目标参数；理论上，余热热量 Q 越大，供水温度 τ_g 越高，供暖效果就越好，因此同时增加余热热量的回收率及提高供水温度必然是低品位工业余热供暖过程的核心诉求。

在低品位工业余热供暖过程的目标中，余热热量 Q 和供水温度 τ_g 之间也存在矛盾：有时为了获得较高的供水温度必须减少余热热量的回收率，有时为了增加回收的余热热量就要以降低供水温度为代价。

因此在实际的低品位工业余热供暖工程中，就是要依据热源、热网、热用户的客观条件进行判断，在热量和温度这两者之间寻求平衡点，找出可以接受的（Q，τ_g）的目标参数组合并不断优化。

2.3.3　基于炽分析理论对低品位工业余热供暖关键问题的再解读

综上所述，在炽分析理论下，低品位工业余热供暖过程的本质是在给定热量下，将一定的炽耗散在余热采集、整合与输配等环节中进行分配。炽分析理论指出，减少任意环节的炽耗散都要在此环节付出代价，而增加任意环节的炽耗散则可使该环节获得收益。例如，减少输配环节的炽耗散意味着输配温差或者末端传热温差的减小，在传递相同的热量时，用于循环水泵的输配电耗将会增加，或是需要建设直径更大的管网、在末端安装更大面积的散热器才可实现输配与末端传热的水力及热力需求。再例如，增加采集、整合环节的炽耗散，意味着余热采集、整合过程可以在余热热源与取热热网水之间更大的温差下实现，因此可以减少在工厂内的余热采集设备的换热面积投入，或采用成本更为低廉的采集设备。

应用炽分析理论可以对低品位工业余热供暖关键问题（图 1-10）进行梳理和系统化的理论解读。

首先，低品位工业余热供暖过程的前提是确定余热热源性质与末端热用户的需求。末端热用户的需求由室温及建筑室内需热量决定，这两项参数一般可以通过查阅供热规划或模拟计算得到；而对于不同的工业部门，或者同一工业部门内不同的工厂，余热热源的热量与品位则不尽相同，千差万别。需要对余热热源的基本信息展开详细调研，这就对应了低品位工业余热信息统计的关键问题。

其次，通过余热信息统计的方式获得余热热源信息后，热量从余热热源传递至末端热用户过程中总炽耗散就得以确定，设计和优化的问题就转变为分配炽耗散的问题。分配炽耗散的过程实际上是就是在各个环节对投入进行分配，给某一环节分配较少的炽耗散，即在该环节增加投入，反之亦然。对于任意一个环节，若能在较小的炽耗散情况下传递一定热量，那么在给该环节分配较多的炽耗散时该环节必然可以顺利实现。因此关键是要寻求减少各环节炽耗散的方法与技术，这就对应了余热采集、余热整合与匹配这两大关键问题。

2.4 低品位工业余热采集、整合与输配过程中的不完善与炽耗散

2.4.1 采集、整合与输配过程的炽耗散拆分

以两个热源的情形为代表分析余热热量从工厂热源传递至末端热用户过程中炽耗散的构成，如图 2-5 所示。

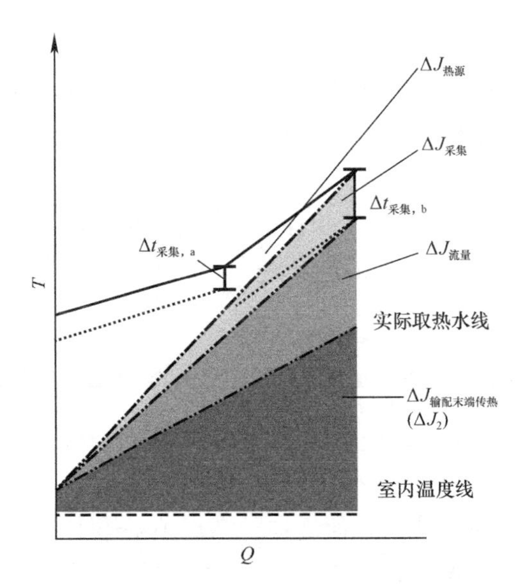

图 2-5 余热采集、整合与输配过程的炽耗散构成

图 2-5 中两条实线线段代表两个余热热源，实线段正下方两条短虚线线段为上述两个余热热源在考虑采集技术不完善所导致的最小换热温差（以下简称“采集温差”）后的热源；由于两个热源的余热采集过程采用了不同的技术，因此较高温度热源的采集温差 $\Delta t_{采集,b}$ 大于较低温度热源的采集温差 $\Delta t_{采集,a}$。最下方的水平长虚线线段表示室温。双点划线为热网一次侧热水，其中一个表示一次侧回水温度的端点是固定的。根据热网提出的水温要求确定一次侧供水温度，从而得到了实际取热水线（图 2-5 中最下方双点划线线段所示）。

实际取热水线下方至室内温度线围合的面积为输配及末端传热环节的炽耗散 ΔJ_2，取热水线上方至实际余热热源线围合的面积为采集、整合环节的炽耗散 ΔJ_1。

为了更清楚、直观地认识炽耗散的构成，从而对每一个拆分后的组分找出减少炽耗散的方法或技术，也便于更深刻地理解这些技术、方法起到的定量化作用及适用的条件、场合，需要对 ΔJ_1 作进一步的拆分。

（1）首先，减小取热热水的流量，可以提高供水温度。但是在采集温差由于采集技术选定而确定时，仅采用换热的方法，取热热水的流量不能随意减小，至多可以减小到取热水线与考虑了采集温差的余热热源相切。取热水流量减小过程中 ΔJ_1 减小，ΔJ_2 相应增大，两者变化值的绝对值相等，直至取热水线与考虑采集温差后的热源相切为止，此时 ΔJ_2 的增大量定义为 $\Delta J_{流量}$。炽耗散 $\Delta J_{流量}$ 表示由于取热水流量过小，取热水线未切于考

虑了采集温差的余热热源包络线而减少的分配给输配及末端传热环节的炽耗散。

(2) 其次，改善采集技术可以减小采集温差 $\Delta t_{采集}$，采集温差始终存在，理想状态下可以趋近于零。假设采集温差被消除后，仅采用换热的方法，取热水流量就可以进一步减小，直至取热水线与实际余热热源相切。在该过程中 ΔJ_1 减小，ΔJ_2 相应增大，两者变化值的绝对值相等，最终将 ΔJ_2 的增大量定义为 $\Delta J_{采集}$。

炽耗散 $\Delta J_{采集}$ 表示由于受到采集技术所限而减少的分配给输配及末端传热环节的炽耗散。

(3) 增大取热水流量直到 $\Delta J_{流量}$ 减少至零，再改善采集技术直到 $\Delta J_{采集}$ 减少至零，此时取热水线与热源线之间仍然存在炽耗散，将这一部分炽耗散定义为 $\Delta J_{热源}$。

炽耗散 $\Delta J_{热源}$ 表示余热热源的温度、热量特性（热容特性）在所给定的一次侧回水温度下无法匹配，从而减少的分配给输配及末端传热环节的炽耗散。总之，由于在余热采集、整合的过程中总是存在炽耗散，导致余热热源总的炽输入最终无法全部为输配及末端传热过程所利用。本质上，这些炽耗散是由于采集、整合过程中的各种不完善造成的，可以将其拆分为多个组成部分，包括：由于取热水流量不完善造成的 $\Delta J_{流量}$，由于采集技术不完善造成的 $\Delta J_{采集}$，和由于余热热源不完善造成的 $\Delta J_{热源}$，即：

$$\Delta J_1 = \Delta J_{流量} + \Delta J_{采集} + \Delta J_{热源} \tag{2-6}$$

2.4.2　采集、整合过程的不完善度定义

余热采集、整合过程中的炽耗散是由于各种不完善造成的，最终都导致输配及末端传热过程可利用的炽耗散减少。理论上，如果消除了所有环节的不完善，即炽耗散 $\Delta J_{流量}$，$\Delta J_{采集}$ 和 $\Delta J_{热源}$ 均为零时，余热热源总的输入炽将等于输配与末端传热过程的炽耗散，即：

$$\Delta J_1 = \Delta J_{流量} + \Delta J_{采集} + \Delta J_{热源} \tag{2-7}$$

$$\Delta J_z = \Delta J_1 \tag{2-8}$$

依次分析计算流量不完善、采集技术不完善与热源不完善造成 ΔJ_2 的相对减小量，从而定义各环节的不完善系数 ζ。

流量不完善导致的炽耗散及不完善系数分别如下：

$$\Delta J_{流量} = \frac{1}{2} \cdot Q \cdot (\tau_{g,\max} - \tau_g) \tag{2-9}$$

$$\zeta_1 = (\Delta J_2 + \Delta J_{流量}) / \Delta J_2 \tag{2-10}$$

其中，τ_g 为实际取热水的供水温度，$\tau_{g,\max}$ 为取热水线与考虑了采集温差的余热热源相切时的供水温度。

采集技术不完善导致的炽耗散及不完善系数分别如下：

$$\Delta J_{采集} = \frac{1}{2} \cdot Q \cdot (\tau_{g,\mathrm{ideal}} - \tau_{g,\max}) \tag{2-11}$$

$$\zeta_2 = (\zeta_1 \Delta J_2 + \Delta J_{采集}) / (\zeta_1 \Delta J_2) \tag{2-12}$$

其中，$\tau_{g,\mathrm{ideal}}$ 为采集温差在理想状况下减小至零时的供水温度。

热源不完善导致的炽耗散及不完善系数分别如下：

$$\Delta J_{热源} = \frac{1}{2} \cdot Q \cdot (t_{eq,\mathrm{out}} - \tau_{g,\mathrm{ideal}}) \tag{2-13}$$

$$\zeta_3=(\zeta_1\zeta_2 J_2+\Delta J_{热源})/(\zeta_1\zeta_2\Delta J_2) \tag{2-14}$$

其中，$t_{eq,out}$ 为给定一次侧回水温度下所有余热热源的等效热源（关于“等效热源”的定义参见第 2.4.3 节）的终点温度。$\Delta J_{热源}$ 亦可通过求解热源线与 $\Delta J_{流量}$、$\Delta J_{采集}$ 为零时的取热水线之间围合的面积而得到。

减少上述各环节的不完善度，可以减小采集、整合过程中的炽耗散，从而将更多炽耗散分配给输配及末端传热环节，最终该环节的炽耗散为：

$$\Delta J_2=\Delta J_z/(\zeta_1\zeta_2\zeta_3) \tag{2-15}$$

根据不完善度的定义，ζ_1、ζ_2、$\zeta_3\geqslant 1$，因此有 $\Delta J_2\leqslant\Delta J_z$，即由于采集、整合过程总是存在不完善而导致的炽耗散，最终用于输配及末端传热的炽耗散始终小于余热热源总的输入炽。

2.4.3 余热热源的等效热源（理想热源）

从 T-Q 图中容易发现，依据前文所述炽耗散拆分的方法，只采用换热的方式时，$\Delta J_{热源}$ 为零的充要条件是所有余热热源对应的线段依次首尾相连且构成一条起点为一次侧回水温度的直线段。

一般情况下，余热热源不可能满足上述“苛刻”条件，或者起点高于一次侧回水温度（起点低于一次侧回水温度的情形不满足“只采用换热方式”的条件），或者余热热源之间温度并非首尾相连，或者所有余热热源并不能构成一条直线段。因此只采用换热的方式时 $\Delta J_{热源}$ 总是存在。

对于任意给定的余热热源及一次侧回水温度，将与原热源的输入炽相等的、以回水温度为起点的单一热源定义为原热源的等效热源（简称“等效热源”），显然等效热源是满足使得 $\Delta J_{热源}$ 为零的充要条件的热源。可以按照下述方式构造余热热源的等效热源。

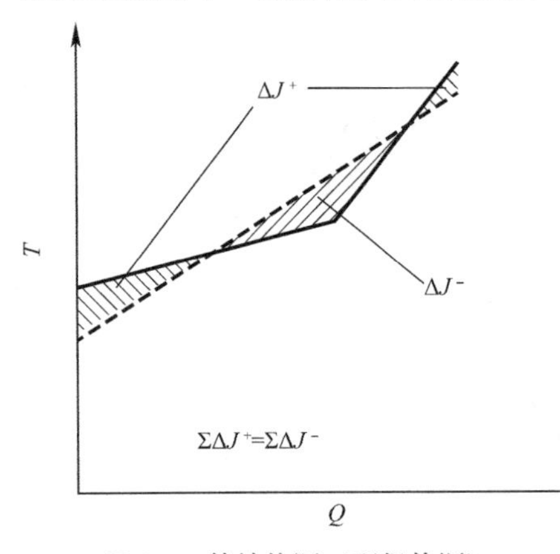

图 2-6 等效热源（理想热源）

图 2-6 中，等效热源的起点温度（被冷却后温度）取为热网一次侧的回水温度，即：

$$t_{eq,in}=\tau_h \tag{2-16}$$

根据原热源的输入炽与等效热源的输入炽相等的原则，计算得到等效热源的终点温度（被冷却前温度）：

$$\sum_{i=1}^{n}\frac{1}{2}Q_i\cdot(t_{i,in}+t_{i,out})=\frac{1}{2}\sum_{i=1}^{n}Q_i\cdot(t_{eq,in}+t_{eq,out}) \tag{2-17}$$

其中，Q_i 表示热源 i 的热量（或热流率），$t_{i,in}$ 和 $t_{i,out}$ 分别为热源 i 的起点温度和终点温度。

等效热源线与原热源线相交。将等效热源线位于原热源线下方至原热源线围合的面积定义为正炽（ΔJ^+），而等效热源线位于原热源线上方至原热源线围合的面积定义为负炽（ΔJ^-）。根据等效热源的定义与构造方法，所有正炽之和与所有负炽之和相等，即：

$$\Delta J^+=\Delta J^- \tag{2-18}$$

由于等效热源是在给定回水温度下使得 $\Delta J_{热源}$ 为零的唯一热源，只有余热热源为等效热源时，才有可能仅以换热方式将热源的输入炽全部用于输配及末端传热环节。因此等效热源实际是一种温度、热量（热容）可以与取热水完全相互匹配的理想热源。

2.5　减少不完善度与改变炽耗散分配的方法

运用合适的方法与技术可以减少各环节的不完善度，从而改变炽耗散在所有环节内的分配。例如，改善采集技术，可以减少 $\Delta J_{采集}$；采用夹点优化法可以减少 $\Delta J_{流量}$；合理降低余热回收率、应用吸收式热泵、电热泵等技术可以减少 $\Delta J_{热源}$；降低一次网回水温度可以减少 ΔJ_2，如图 2-7 所示。

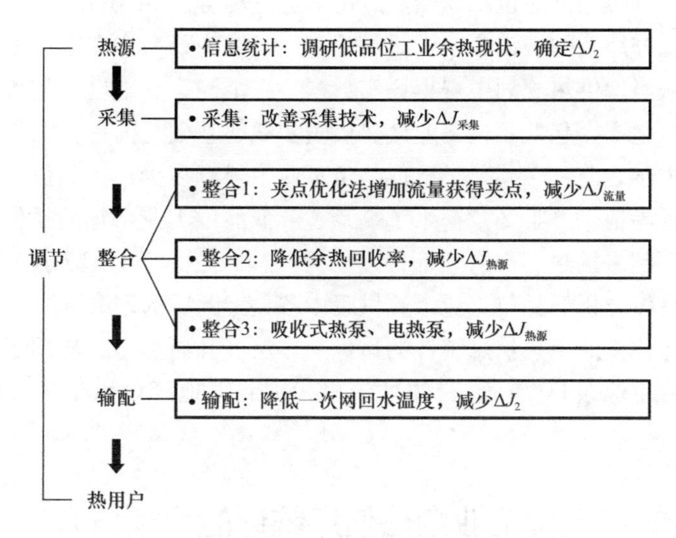

图 2-7　低品位工业余热供暖关键问题与本质

第 3 章

低品位工业余热信息的统计

目前城镇集中供暖是低品位工业余热应用的适宜场合。《中国建筑节能发展研究报告》每四年发布我国北方地区的城镇集中供暖需热量；具体到每一个省市乃至县镇的集中供暖需热量，则可以从当地供热规划中查得详实数据。一个国家、地区、省市、县镇的低品位工业余热基本信息是支撑起低品位工业余热供暖实践的基础与前提，在将低品位工业余热应用于城镇集中供暖之前，必须要了解低品位工业余热有多少，其品位分布如何，距离供暖目标区域有多远等信息。第 2 章揭示了一旦了解低品位工业余热的品位与热量，实际就确定了余热从工厂到末端热用户的全部传递动力（输入炽），再从减小损失（炽耗散）的角度出发便可以具体分析低品位工业余热供暖中各关键问题的解决方法。

本章将对低品位工业余热信息统计的目标与方法展开研究，并应用于北方地区、重点工业省市的低品位工业余热调研，具体估计出我国北方地区可用于冬季供暖的工业余热规模。

3.1 分层级的低品位工业余热信息统计的目标与方法

3.1.1 低品位工业余热信息统计的目标

低品位工业余热基本信息的统计是低品位工业余热集中供暖系统在一个国家或区域建立、发展、推广的基础与前提。

按照实际需要，可以将低品位工业余热信息统计的目标分为三个层级：为政策制定者提供宏观决策依据，为地区能源规划或供热规划提供数据支持，为相关工程建设的方案设计与优化提供数据支撑。

第一，对于一个国家或大区域，余热信息统计的目标在于为政策制定者提供依据，帮助其决策是否应将低品位工业余热资源作为一项战略资源予以重视。倘若低品位工业余热资源量与供暖需热量处于相同的量级水平，则低品位工业余热完全可以作为集中供暖热源的重要补充，与热电厂、锅炉等常规供暖热源一道并入城镇热网共同参与供暖（图 3-1），此时原先用于供暖的大量化石能源将得以节省或用于对热源品位需求更高的场合。

第二，对于一个工业省份或城市，余热信息统计的目标在于为当地供热规划或能源规划的编写提供数据支持。这种情况下，除余热总量外，还需要了解余热的行业分布特征、品位分布特性、省内城市或城市内区县的余热地域分布特点等信息。借助于对这些具体信

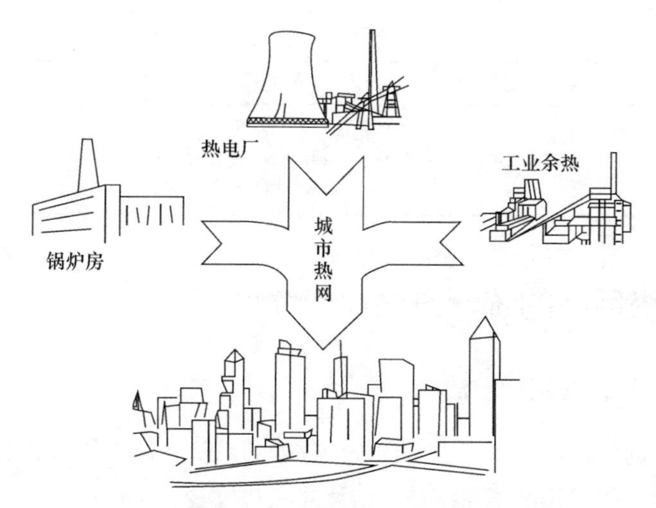

图 3-1　低品位工业余热供暖的战略构想[83]

息的宏观掌握，可以判断及规划该地区余热供暖的基本形式。例如以 30～50℃的低温余热为主的地区，在更多高品位热源的配合下才具备供暖条件；而对于以 50～100℃余热为主的地区，余热资源的内在配置更优，额外匹配少量高品位热源即可满足供暖所需，余热利用的整体经济性更优、可行性更高。再比如，对于毗邻或彼此距离相近的城市，若有的城市余热资源富足而供暖热需求小，有些城市余热资源匮乏但供暖热需求大，则可以探讨全局规划、多城市联网供暖的可行性。

第三，对于一个工业县镇或具体到一个工业园区、一个特定工厂，余热信息统计的目标在于为低品位工业余热供暖工程的建设提供数据支撑。由于涉及余热采集设备的选型、管径选取、管网路由设计、投资收益概算等细节问题，此时不仅需要获取余热总量、品位分布等基本信息，还要结合余热资源的可利用性进行调研，获得更全面更具体的有效信息，例如工厂生产制度的安排、余热可靠稳定性、工厂内余热采集设备布置的空间大小、余热资源与热用户的距离远近等。

3.1.2　低品位工业余热信息统计的目标

针对不同层级的低品位工业余热信息统计目标，应设计与之相适应的统计方法，如表 3-1 所示。本章将重点针对前两个层级的目标介绍相适应的统计方法，这些方法总体上看偏于宏观，也恰恰与前两个层级目标的宏观特征相适应。由于相比于前两个层级的目标，第三层级的目标偏于微观，因此在统计方法上、结果的表达形式上与之都有很明显的区别，将在第 4 章中具体介绍。

低品位工业余热信息统计的目标及统计方法　　**表 3-1**

层级	目标	典型问题规模	需要的余热信息	统计方法
一	宏观政策制定	国家、大区域	总量	基于宏观统计数据的总量估计方法
二	能源规划或供热规划	省市	总量、行业分布、品位分布、地区分布	实地调研（单位质量产品的余热量及品位特征）与问卷调研相结合的方法

续表

层级	目标	典型问题规模	需要的余热信息	统计方法
三	工业余热工程建设	县镇、工业园区、工厂	工厂基本信息、总量、品位分布、可利用性（设备布置空间、余热源相对位置等）	实地调研

3.2 第一层级目标的统计方法

3.2.1 第一层级目标的统计方法

针对第一层级的目标，采用基于宏观统计数据的总量估计方法。一般可以从工业生产能耗与用于冷却散热的水耗两个角度进行估计并相互校验。

一方面，工业生产需要有能源消耗。从能量流动的角度看，燃煤是工业生产系统重要的能量流入。能量流入的另一重要组分是化学反应热：工业生产过程有些环节是吸热反应（例如水泥回转窑内生料的分解反应），有些环节是放热反应（例如高炉炼铁和浓硫酸的制备等）。对于主要生产工艺环节为放热反应的工业部门，反应热也是重要的能量流入。工业余热是生产过程中排放至周围环境（如空气、水等）中的热量，是主要的能量流出。对于主要生产工艺环节为吸热反应的工业部门，反应热也属于能量流出。根据研究区域（国家或地区等）内高耗能工业部门的燃煤消耗和考虑了化学反应热后的综合平均热利用率，可以估算出低品位工业余热的总量。

另一方面，工业余热的冷却介质主要是空气和水。低品位工业余热的冷却介质则以冷却循环水为主，通过水的蒸发将余热最终排放至大气中。根据工业部门用于冷却散热的水耗，也可以大致估算出低品位工业余热的总量。理论上，通过水耗估算得到的低品位工业余热量应小于通过能耗得到的估计值，两者的差别主要是部分低品位工业余热是由空冷散失的。

利用式（3-1）可以从能耗角度对低品位工业余热总量 E_1 进行估算。

$$E_1 = E_z \cdot \eta_{ind} \cdot \eta_e \cdot (1 - Eff_e) \cdot \eta_{low} \tag{3-1}$$

式中：

E_z——研究区域（国家或地区等）内的基于热当量计算的社会总能耗（t 标准煤/年，或 GJ/年）；

η_{ind}——工业部门能耗占社会总能耗的比例；

η_e——高耗能工业部门的能耗占工业部门能耗的比例；

Eff_e——高耗能工业部门的平均热利用率；

η_{low}——高耗能工业部门余热中低品位工业余热所占的比例。

上式中 E_z、η_{ind}、η_e 的数据一般可以从政府统计部门的官方出版物（如统计年鉴）中取得。Eff_e、η_{low} 与高耗能工业部门技术水平的发展程度有关，一般可以由能源管理部门、行业协会等机构给出这两项指标的当前平均水平，抑或是根据设定情景给出合理的分布区间或目标值。

利用式（3-2）可以从水耗角度对低品位工业余热总量 E_2 进行估算。

$$E_2 = G_{ind} \cdot k_e \cdot k_c \cdot r \tag{3-2}$$

式中：

G_{ind}——研究区域内的工业用水量（m^3/年）；

k_e——高耗能工业部门的用水量占工业用水量的比例；

k_c——高耗能工业部门内用于冷却（主要冷却对象为低品位工业余热）的水耗所占的比例；

r——环境温度下水的汽化潜热（kJ/kg），0℃时约为2500kJ/kg。

基于上述两式，可对集中供暖区域在供暖时间段内的低品位工业余热总量$E_{1,h}$或$E_{2,h}$进行估计，如式（3-3）所示：

$$E_{1,h} = E_1 \cdot \eta_{e,h} \cdot \frac{\overline{d}_h}{\overline{d}_p} \tag{3-3}$$

式中：

$\eta_{e,h}$——集中供暖区域中高耗能工业部门的能耗或水耗在整个研究地区内的比例，若所研究区域全部为集中供暖区域，则该值取为1；$\overline{d}_h$是研究地区每年的平均供暖天数；

$\overline{d}_p$——高能耗工业部门每年的平均生产天数。

以上两式应用的前提假设是工业部门在供暖期内保持工业生产的持续和相对稳定，即余热量的发生可认为是连续且稳定的。由于第一层级的目标只需要定性的描述低品位工业余热总量与集中供暖需热量之间的大致关系，因此这三项参数也可以通过情景分析的方式在一定范围内给出合理取值。

3.2.2 我国北方地区低品位工业余热量

1. 从能耗、水耗两种途径对我国北方地区低品位工业余热量进行估算：

（1）能耗角度

根据《中国统计年鉴2020》得到的数据，2019年我国工业总能耗为32.25亿t标准煤[84]，其中五大类高耗能工业部门能耗为20.9亿t标准煤[85]，约占工业部门总能耗的65%。调研表明五大类高耗能工业部门的低品位工业余热约占其能耗的40%。参照式（3-1）估算得我国每年五大类高耗能工业部门的低品位工业余热量为：

$$E_1 = 32.25 \times 65\% \times 40\% = 8.4\text{亿t标准煤}$$

我国北方地区供暖季平均按照120d计算，高耗能工业部门每年的平均生产天数假定为330d；再结合钢材、水泥、硫酸等主要工业产品分地域的产量进行分析[84]，估计北方供暖区域五大类高耗能工业部门的能耗约占全国此类工业部门能耗的1/2，参照式（3-3）估算得我国北方集中供暖地区供暖季内的低品位工业余热量为：

$$E_{1,h} = 8.4 \times 50\% \times \frac{120}{330} = 1.52\text{亿t标准煤}$$

图3-2直观展示了上述计算过程中各热量数值之间的相对大小关系。

（2）水耗角度

工业用水的行业构成特点主要是全国高用水行业，包括火力发电、石油化工、钢铁

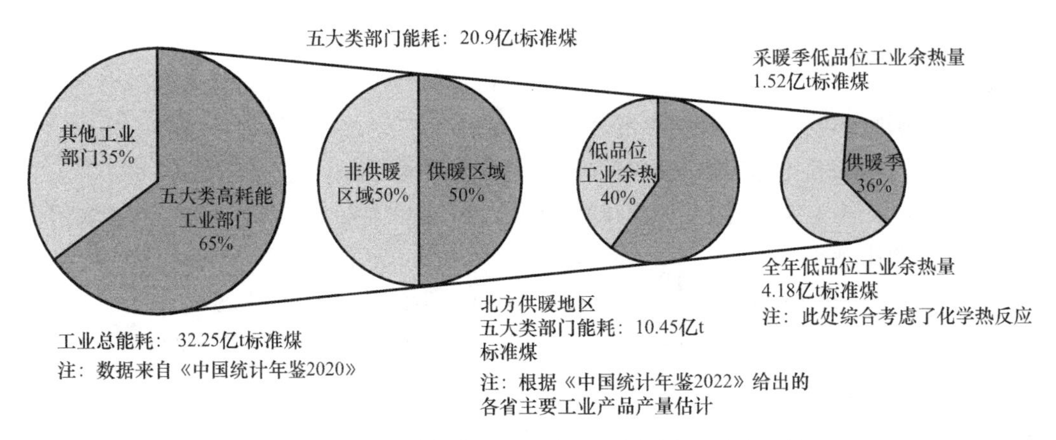

图 3-2　能耗角度估算我国北方地区低品位工业余热量

等，占工业用水总量的 2/3。火力发电占高用水行业总量的 3/4。

工业余热的冷却介质主要是空气和水，其中低品位工业余热的冷却介质以冷却循环水为主。

$$E_2 = G_{ind} \times K_e \times K_c \times r \tag{3-4}$$

式中：

E_2——工业余热总量；

G_{ind}——研究区域内的工业用水量（m^3/年）；

K_e——高耗能工业部门用水占工业用水的比例；

K_c——高耗能工业部门用于冷却的水耗占比；

r——气化潜热 2500（kJ/kg）。

2. 北方地区供热量计算：

北方地区火电厂多采用空冷机组，因此五大类高耗能工业部门的工业用水量占工业用水总量的比例较全国平均水平更高，预计为六分之一。

根据《中国统计年鉴 2020》数据得：2019 年，北方集中供暖地区工业用水总量为 226.9 亿 m^3（表 3-2、图 3-3）。

各地区工业用水量　　表 3-2

地区	工业用水量（亿 m^3）	修正（亿 m^3）
北京	3.3	3.3
天津	5.5	5.5
河北	18.8	18.8
山西	13.5	13.5
内蒙古	14.6	14.6
辽宁	18.3	18.3
吉林	14.1	14.1
黑龙江	19.5	19.5
山东	31.9	31.9
河南	45.2	13.0

续表

地区	工业用水量（亿 m^3）	修正（亿 m^3）
陕西	14.8	14.8
甘肃	8.7	8.7
青海	2.8	2.8
宁夏	4.4	4.4
新疆	11.5	11.5

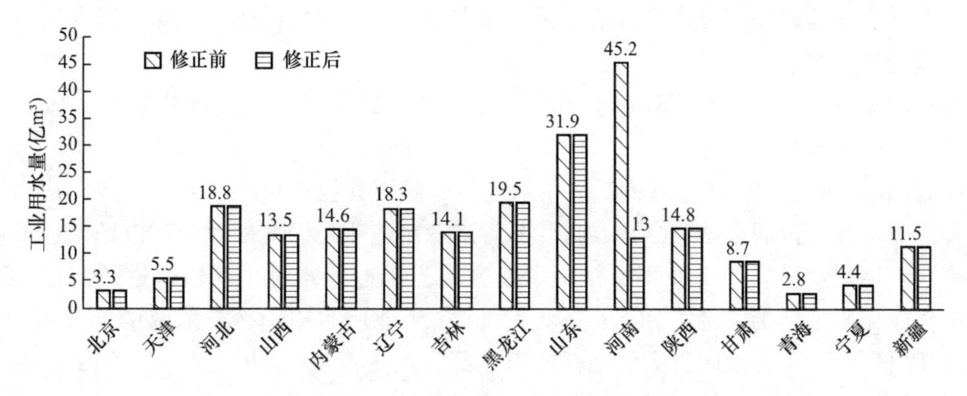

图 3-3　北方地区工业用水量修正对比

北方五大类高耗能工业部门冷却水量与南水北调中线输水量对比如图 3-4 所示。

北方五大类高耗能 工业部门用于冷却的水耗 “径流量”～22.71亿m³/年	VS	南水北调中线设计输水量 “径流量”～95亿m³/年

图 3-4　北方五大类高耗能工业部门冷却水量与南水北调中线输水量对比图

河南省的工业用水量显著大于其他省市，主要用于食品加工与棉纺等非五大类高耗能工业部门。对其修正，修正方法：取北方其他省市的平均值。修正后，2019 年北方集中供暖地区的工业用水量为 194.7 亿 m^3。则供暖季余热量为 20.65 亿 GJ，工业用水用于冷却散热的部分占 70%，北方地区五大类高耗能工业部门用水占 1/6。

$$G_{gl}=G_g\times 70\%\times\frac{1}{6}=22.72\text{ 亿 m}^3 \tag{3-5}$$

式中：

G_{gl}——全年工业冷却水量；

G_g——工业用水量。

$$G_{gl\cdot 1}=G_{gl}\times\frac{120}{330}=8.26\text{ 亿 m}^3 \tag{3-6}$$

式中：

$G_{gl\cdot 1}$——供暖季工业冷却水量；

G_{gl}——全年工业冷却水量；

120——供暖季天数；

330——工业生产天数。

$$Q_{gy}=G_{gl}\times\frac{2500}{1000}=20.65\text{ 亿 GJ} \tag{3-7}$$

式中：

Q_{gy}——供暖季工业余热量。

3. 南方地区工业余热热量计算：

火电耗水大部分在南方地区，因此预计南方地区五大类高耗能工业部门用水量占工业用水总量的二分之一。

根据国家统计局《中国统计年鉴 2020》数据得：2019 年，南方集中供暖地区工业用水总量 511.6 亿 m^3。

结合图 3-5 可发现，江苏省的工业用水量显著高于其他省份，江苏省工业发达，2019 年工业产业增加值位居全国第二，并且江苏省工业制造业是深度面对全球市场，且工业用水效率高，所以江苏省的工业用水量不取南方各省工业用水量平均值来进行修正。2019 年南方集中供暖地区的工业用水量 511.6 亿 m^3，工业用水用于冷却散热的部分占 70%，即 358.12 亿 m^3。南方地区五大类高耗能工业部门用水占 1/2，即 179.06 亿 m^3。南水北调中线设计输水量为 95 亿 m^3/年（图 3-6）。

余热量：179.06×（2500÷1000）=447.65 亿 GJ。

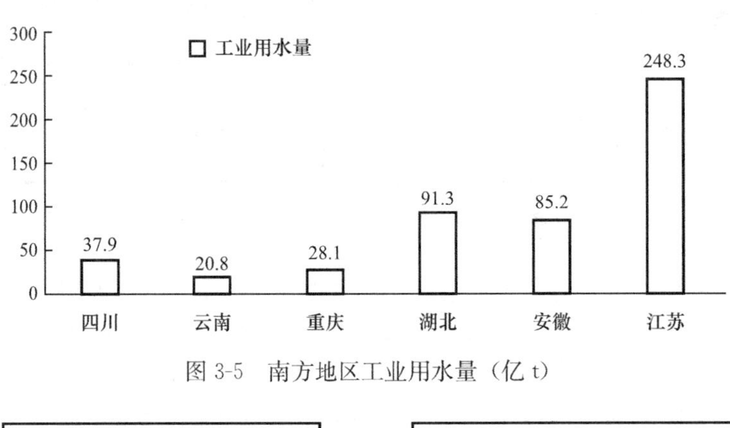

图 3-5 南方地区工业用水量（亿 t）

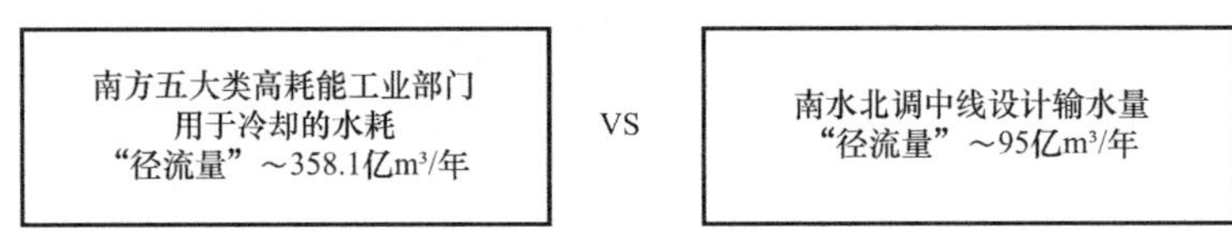

图 3-6 南方五大类高耗能工业部门冷却水量与南水北调中线输水量对比图

3.3 第二层级目标的统计方法

针对第二层级的目标，采用实地调研与问卷调研相结合的方法，即对不同类型高耗能工业部门的典型企业进行实地调研，了解其生产工艺、余热的温度分布特征及影响余热特性的重要参数（例如钢铁厂的渣铁比参数，定义为铁产量与渣产量的比值，其数值越大意味着铁渣或高炉冲渣水余热占比越大），进而估算生产单位质量产品时的低品位工业余热量及余热品位，再对具有一定生产规模的高耗能工业企业分发问卷，调研并统计其生产工艺类型、影响余热特性的重要参数、主要产品产量以及低品位工业余热利用状况等信息，利用式（3-8）与式（3-9）对低品位工业余热总量 E_3 及不同品位区间的余热量 $E_{3,k}$（$k=1, 2, 3, \cdots, m$）进行估算。

$$E_3=\sum_{i=1}^{n}\overline{e}_i \cdot P_i=\sum_{k=1}^{m}E_{3,k} \tag{3-8}$$

$$E_{3,k}=\sum_{i=1}^{n}\overline{e}_{i,k} \cdot P_i \tag{3-9}$$

式（3-8）中，n 是研究地区（例如工业省份）内高耗能工业部门的类别数；$\overline{e}_i$ 是该地区高耗能工业部门 i 单位质量主要产品的平均低品位工业余热量（MJ/t 产品）；P_i 是高耗能工业部门 i 的主要产品产量（t/年）；m 是对低品位工业余热温度（品位）划分的类别数，其数值越大意味着对余热品位分布的信息掌握越精细，但 m 增大会增加余热信息统计的复杂程度，过于复杂则偏离了这一层级余热信息统计的目标与初衷。因此，一般 m 可以定为 3。由于常规集中供暖系统末端用户多为辐射暖气片，热网一次侧回水温度约为 50℃，因此统计中可以划分为 50℃以下，50～100℃以及 100℃以上三个类别。

式（3-9）中 $\overline{e}_{i,k}$ 是高耗能工业部门 i 单位质量主要产品在温度范围 k 内的平均低品位工业余热量（MJ/t 产品）。

对供暖时间段内的低品位工业余热总量的估计，则可以参照式（3-3），在式末乘以供暖天数与生产天数的比值即可，如式（3-10）与式（3-11）。

$$E_{3,\mathrm{h}}=\sum_{i=1}^{n}\overline{e}_i \cdot P_i \cdot \frac{\overline{d}_{\mathrm{h}}}{\overline{d}_{\mathrm{p}}}=\sum_{k=1}^{m}E_{3,k,\mathrm{h}} \tag{3-10}$$

$$E_{3,k,\mathrm{h}}=\sum_{i=1}^{n}\overline{e}_{i,k} \cdot P_i \cdot \frac{\overline{d}_{\mathrm{h}}}{\overline{d}_{\mathrm{p}}} \tag{3-11}$$

3.3.1　典型高能耗工业部门的低品位工业余热资源分析

通过上述分析，要完成第二层级的统计目标，必须依赖于对典型高耗能工业部门的低品位工业余热资源的深入调研与精心计算。

实际上，无论对于哪一层级的低品位工业余热信息统计，对高耗能工业部门的低品位工业余热资源的了解与分析都是基础。例如，第一层级中，对高耗能工业部门的平均热利用率、低品位工业余热比例等关键数据的估计；第二层级中，单位质量主要产品的低品位工业余热量、余热的温度分布特征等重要信息的获得；第三层级中，特定工厂的余热也与相同类型典型企业的余热特征大致相仿，只是在可利用性上不尽相同，在工程设计中需要因地制宜。

本节结合文献调研与现场调研，对典型高能耗工业部门的低品位工业余热资源进行分析，最终估算并总结单位质量主要产品的余热量及品位分布。

1. 典型钢铁厂（黑色金属冶炼）

钢铁冶炼是黑色金属冶炼行业的代表，是以石灰石、铁矿石、煤为主要原料，生产型钢、螺纹钢等钢材产品的工业部门。我国是世界第一大钢铁生产国，2006 年产量已占世界钢产量的 1/3 强，但产钢能源利用率却在世界主要钢铁生产国家中排名垫底[90]。

采用氧气转炉炼钢工艺的钢铁厂的典型工艺流程如图 3-7 所示。

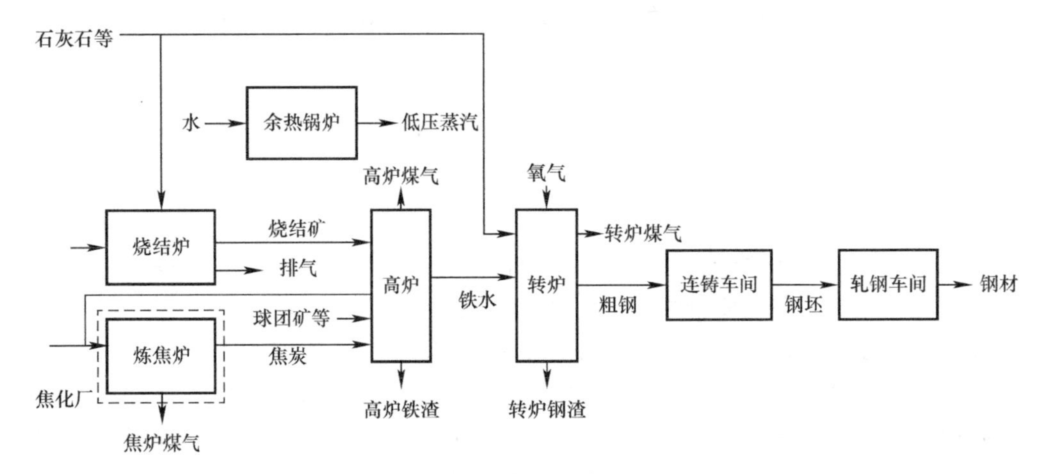

图 3-7　钢铁厂的典型工艺流程

图中虚线框指示的是焦化工序，煤在炼焦炉中转化为焦炭。很多钢铁厂并不生产焦炭，而是从焦化厂外购。

除焦化工序外，钢铁厂生产工艺主要包括三道工序。

一是烧结工序，以焦炭（或煤）、铁矿石为主要原料，在烧结机中生产烧结矿，并排出烟气。大部分钢铁厂利用余热锅炉将烧结矿的高温余热[91]回收用于产生低压蒸汽后发电自用，使得烧结矿从约 800℃冷却至 150℃。烧结烟气的温度一般低于 250℃，但热量占烧结工序全部热支出的近 20%。目前烧结烟气余热鲜有利用[92]。

二是炼铁工序，以烧结矿、煤、焦炭为主要原料，在高炉中生产铁水，同时产出两种副产物：煤气和铁渣。高炉煤气高温高压，其余压在大型钢铁厂内一般应用高炉煤气余压透平发电装置（TRT）[93]予以回收利用，TRT 出口的煤气温度约 200℃。高炉煤气的化学热在一些先进钢铁厂内已经得到利用，途径包括余热发电、作为热风炉燃料、轧钢加热炉燃料等[94]。高炉煤气作为燃料，使用前必须经过洗涤环节进行除尘。采用湿法洗涤时，煤气显热被洗涤水带走，由于洗涤水中含有大量悬浮物，且硬度高[95]，目前煤气洗涤余热尚未利用。采用干法洗涤时，煤气显然不予利用而保持较高温度，有利于燃烧过程的实现。高炉铁渣最常见的处理方式是水淬法冲渣，通过换热的方式将冲渣水中的余热回收用于厂区或周边小区的供暖，国内已有济钢、唐钢、鞍钢、宣钢等多家大型钢铁厂进行了工程实践。为了保护高炉炉衬，常用循环工业用水冷却高炉炉壁[96]，为了避免结垢、局部汽化等危害，绝大多数钢铁厂都尽量将冷却水温控制在 40℃以内；采用软水密闭循环冷却技术[97]，可以提高冷却水的允许温度范围，但目前采用此项技术的钢铁厂并不多。

三是炼钢工序，以高炉产出的铁水为主要原料，在转炉中吹氧生成粗钢，同时产生两种副产物：钢渣与煤气。粗钢分别在连铸车间、轧钢车间经过连铸、轧钢等加工工序最终成为钢材。转炉煤气的显热余热大多被汽化冷却器（实质是余热锅炉）回收用于发电，汽化冷却器出口的煤气温度仍有约800℃；转炉煤气的化学热在绝大多数钢铁厂内都通过燃烧方式利用。转炉煤气作为燃料前同样需要先对其洗涤净化，转炉煤气洗涤水中的余热未被利用。转炉钢渣余热在多数钢铁厂未被利用。转炉顶部的氧枪需要冷却才可正常连续工作，该部分余热由循环冷却水带走。连铸是钢水制成钢坯的过程，连铸过程中热量大部分以水的汽化潜热形式散走，放散的蒸汽难以利用。按轧制温度，轧钢工序可分为热轧与冷轧两类。在热轧钢工序中，要求钢坯保持较高的温度，因此连铸工序得到的钢坯的显热一般不考虑利用，而应尽量设法保持其温度，以减少热轧钢工序的再热量。热轧过程的余热大多以轧制过程中钢坯、钢材向环境的高温辐射形式散失，钢材温度从约800℃降低至100℃。有研究者提出了对轧钢冷床进行改造，利用列管式换热器[97]或热管换热器[98]将轧钢余热回收并用于厂区洗浴或供暖用热的设计理念，但实际生产中多数钢铁厂并未利用这部分余热。

综上所述，钢铁厂主要的低品位工业余热资源包括：烧结工序的烧结烟气，炼铁工序的高炉铁渣（或冲渣水）、高炉炉壁冷却循环水、高炉煤气洗涤水，炼钢工序的钢渣、转炉氧枪冷却循环水、转炉煤气洗涤水，热轧钢环节的轧钢以及余热发电环节的乏汽等。

钢铁厂生产工艺的主要特点是：工序复杂繁多；核心设备少，主体设备为“三炉”：烧结炉、高炉与转炉；核心设备之间的物料流动、能量流动单向且解耦。针对上述特点，对于钢铁厂单位质量产品的余热量［MJ/t钢（铁）］的估算采用基于核心工序及设备的热平衡估算方法，具体计算过程如下。

（1）烧结环节

刘文超等人对烧结过程进行了热力学分析[92]，得到了烧结炉的热平衡，如表3-3所示。该平衡表的计算是以0℃为基准的。

烧结炉热平衡表[92]　　**表3-3**

热收入			热支出		
项目	MJ/t	%	项目	MJ/t	%
点火煤气化学热	131.58	6.22	混合料水蒸发热	241.15	11.41
点火煤气物理热	0.97	0.05	碳酸盐分解热	179.95	8.51
点火助燃空气物理热	1.20	0.06	烧结矿显热	1020.10	48.26
固体燃料化学热	1480.55	70.04	烧结烟气显热	419.26	19.83
混合料物理热	3.87	0.18	不完全燃烧热损失	155.37	7.35
烧结过程化学反应热	455.54	21.55	烧结矿残炭热损失	36.72	1.74
空气带入物理热	40.14	1.90	其他热损失	61.30	2.90
合计	2113.85	100.00	合计	2113.85	100.00

烧结炉热平衡支出项中的“烧结烟气显热”项指出：每生成1t烧结矿，烧结机排出的250℃烟气相对于外界环境温度0℃时的烟气余热为419.26MJ。

烧结矿是铁元素的主要来源，烧结矿的投入量与产铁量存在一定的对应关系。这一比例关系在每一家钢铁厂都不相同，受到混合矿配比及矿石含铁量等因素的影响。文献［100］指出每生产1t铁大约需要1.132t烧结矿。按照其给出的比例，单位质量铁水的烧结烟气比余热量为：

$$e_{\text{钢铁,烧结烟气,0}}=419.26/1.132=370.4\text{MJ/t 铁(冷却至 0℃)} \quad (3\text{-}12)$$

烟气温度低于酸露点时将对设备、管路造成腐蚀；酸露点的温度值与烟气中含有的SO_2、SO_3浓度有关。计算烟气余热量时考虑最终排气温度为150℃，且忽略烟气比热容在该温度区间内的变化，则单位质量铁水的烧结烟气比余热量约为：

$$e_{钢铁,烧结烟气,150}=370.4/(250-0)\times(250-150)=148.2\text{MJ/t 铁(冷却至 150℃)} \quad (3\text{-}13)$$

（2）高炉炼铁环节

高炉热平衡如表3-4所示，该表以0℃为计算基准。

高炉热平衡表[100] **表3-4**

热收入			热支出		
项目	MJ/t	%	项目	MJ/t	%
风口前碳燃烧	2863.05	65.83	氧化物还原	1400.05	32.19
热风带入	1486.41	34.17	碳酸盐分解	15.87	0.36
炉料带入	0	0	水分蒸发	85.12	1.96
			碎铁熔化	0	0
			铁水带走	1172.00	26.95
			炉渣带走	726.06	16.69
			炉顶煤气带走	518.29	11.92
			热损失	432.07	9.93
合计	4349.46	100.00	合计	4349.46	100.00

首先分析热平衡支出项的“热损失”项。该项主要为高炉炉壁冷却循环水带走的热量，在表中该项是按照总热量扣除其他所有项热量得到的余项，在分析余热量时存在较大的误差。实际生产中高炉炉壁冷却循环水余热主要受到高炉炉料配比、炉渣热量和炉顶煤气带走热量等因素的共同影响。

再分析“炉渣带走”项。实际生产中，单位质量铁水对应的炉渣产量由“渣铁比”参数描述。渣铁比的定义为每生产1t铁产生的炉渣千克数。渣铁比的大小与炉料配比、造渣方式等有关，受到原料等客观条件及配料等人为因素的共同影响。表3-4计算中，渣铁比取为0.413。实际各大钢铁厂的渣铁比波动范围很大，为0.24～0.48，全国平均水平为0.36[101]。本节按照全国平均值进行估算，在实际余热统计过程中可以通过调研获取渣铁比数据。铁渣从1400℃降温至0℃时的平均比热容约为1.255kJ/(kg·℃)[100]，因此铁渣冷却的比余热量为：

$$e_{钢铁,铁渣,0}=1.255\times0.36\times(1400-0)=632.5\text{MJ/t 铁(冷却至 0℃)} \quad (3\text{-}14)$$

实际利用时，考虑铁渣被冷却至100℃，则比余热量约为：

$$e_{钢铁,铁渣,100}=1.255\times0.36\times(1400-100)=587.3\text{MJ/t 铁(冷却至 100℃)} \quad (3\text{-}15)$$

再分析“炉顶煤气带走”项。该项数值受到煤气发生量、煤气温度等因素的影响。一般炉顶煤气排出温度约150～300℃[102]，热平衡表中煤气温度按照200℃计算。煤气的发生量通常不稳定[94]，受到原料配比的影响，平均可以按照2400kg/t铁计算[100,102]，煤气在0～200℃内的平均比热容为0.985kJ/(kg·℃)[102]。因此高炉煤气从200℃降温至0℃的比余热量为：

$$e_{钢铁,高炉煤气洗涤,0}=2.4\times0.985\times(200-0)=472.8\text{MJ/t 铁(冷却至 0℃)} \quad (3\text{-}16)$$

实际利用高炉煤气洗涤水余热时，考虑煤气温度降低至40℃，则比余热量为：

$$e_{钢铁,高炉煤气洗涤,40}=2.4\times0.985\times(200-40)=378.2\text{MJ/t 铁(冷却至 40℃)} \quad (3\text{-}17)$$

对于“热损失”项，即高炉炉壁冷却循环水余热，根据炉渣与炉顶煤气两项余热量的调整，可重新估算为：

$$e_{钢铁,炉壁冷却循环水}=726.06+518.29+432.07-472.8=571.1\text{MJ/t 铁} \quad (3\text{-}18)$$

根据热平衡，炉壁冷却循环水必须带走上述计算得到的热量。

（3）转炉炼钢环节

转炉热平衡[100]如表3-5所示，该表以0℃为计算基准。

转炉热平衡表[100] **表3-5**

热收入			热支出		
项目	MJ/t	%	项目	MJ/t	%
铁水物理热	1145.00	52.42	钢水物理热	1318.87	60.38
元素氧化热和成渣热	982.66	44.99	炉渣物理热	298.28	13.66
烟尘氧化热	50.75	2.32	废钢吸热	195.36	8.94
炉衬中碳的氧化热	5.86	0.27	炉气物理热	187.62	8.59
			烟尘物理热	24.43	1.12
			渣中铁珠物理热	11.45	0.52
			喷溅金属物理热	14.68	0.67
			轻烧白云石分解热	24.37	1.12
			热损失	109.21	5.00
合计	2184.27	100.00	合计	2184.27	100.00

一般来说，转炉产出的钢水与高炉产出的铁水的质量比与转炉内废钢的投入量以及铁水的损耗量有关，一般接近于1。本节计算中认为1t钢对应1t铁。

首先分析热支出项中的“炉渣”项。该项数值与“渣钢比”有关，与“渣铁比”参数类似，不同钢铁厂的渣钢比不同，文献［100］中取为0.13，实际可以通过调研得到。根据热平衡给出的数据，钢渣从1650℃降温至0℃时的比余热量为：

$$e_{钢铁,钢渣,0}=298.3\text{MJ/t 钢}=298.3\text{MJ/t 铁(冷却至 0℃)} \quad (3\text{-}19)$$

实际利用时，考虑钢渣被冷却至100℃，则比余热量为：

$$e_{钢铁,钢渣,100}=298.3/(1650-0)\times(1650-100)=280.2\text{MJ/t 钢(冷却至 100℃)} \quad (3\text{-}20)$$

再分析“热损失”项。根据文献［100］的描述，该项中20%的热量为水冷氧枪的冷却循环水余热，其比余热量为：

$$e_{钢铁,氧枪}=109.21\times0.2=21.8\text{MJ/t 铁} \quad (3\text{-}21)$$

再分析“炉气”项。该项数值与生产单位质量钢时产生的转炉煤气量和煤气出口温度有关。通常每吨钢可产出70～100m^3转炉煤气，煤气的出口温度约为1500℃。多数大型钢铁厂利用汽化冷却器回收转炉煤气的高温段余热，但汽化冷却器出口温度仍有约800℃；汽化冷却器出口的转炉煤气经洗涤净化后可作为燃料，其中的热量被洗涤水带走。

实际利用洗涤水余热时，考虑转炉煤气从800℃降温至75℃，且认为降温过程中煤气的比热容不变，则比余热量为：

$$e_{钢铁,转炉煤气洗涤,75}=187.62/(1500-0)\times(800-75)=90.7\text{MJ/t 铁(冷却至 75℃)} \quad (3\text{-}22)$$

(4) 热轧钢环节

热轧过程中，钢坯、钢材向环境进行高温辐射，从约800℃降温至100℃。钢材在800℃与100℃时的比热容分别为0.69kJ/(kg·℃)和0.47kJ/(kg·℃)，故比余热量为：

$$e_{钢铁,热轧钢,100}=800\times0.69-100\times0.47=505\text{MJ/t 铁(冷却至 100℃)} \tag{3-23}$$

(5) 余热发电环节

余热发电量及对应的乏汽余热量与钢铁厂实际安装的余热发电设备容量以及使用率有关。根据在一个典型大型钢铁厂的现场调研，钢铁厂余热发电后的汽轮机冷凝乏汽比余热量约为：

$$e_{钢铁,余热发电乏汽}=2000\text{MJ/t 铁} \tag{3-24}$$

(6) 小结

将典型钢铁厂的低品位工业余热信息归纳如表3-6所示。

典型钢铁厂吨钢（铁）余热量小结 表3-6

工艺环节	余热名称	余热量（MJ/t）	起点温度（℃）	终点温度（℃）
烧结	烟气	148.2	150	250
高炉炼铁	炉渣	587.3	100	1400
	炉壁冷却循环水	571.1	30	50
	煤气洗涤水（湿法洗涤）	378.2	35	80
转炉炼钢	炉渣	280.2	100	1650
	氧枪冷却循环水	21.8	30	50
	煤气	90.7	75	800
热轧钢	轧钢	505	100	800
余热发电	乏汽	2000	50	50
总计		4582.5		

2. 典型水泥厂（非金属制造）

水泥制造是非金属冶炼行业的代表，是以水泥生料、煤为主要原料，生产水泥熟料的工业部门。我国是世界第一大水泥生产国，水泥年产量超过世界总产量的50%。

采用新型干法水泥工艺的水泥厂的典型工艺流程如图3-8所示。

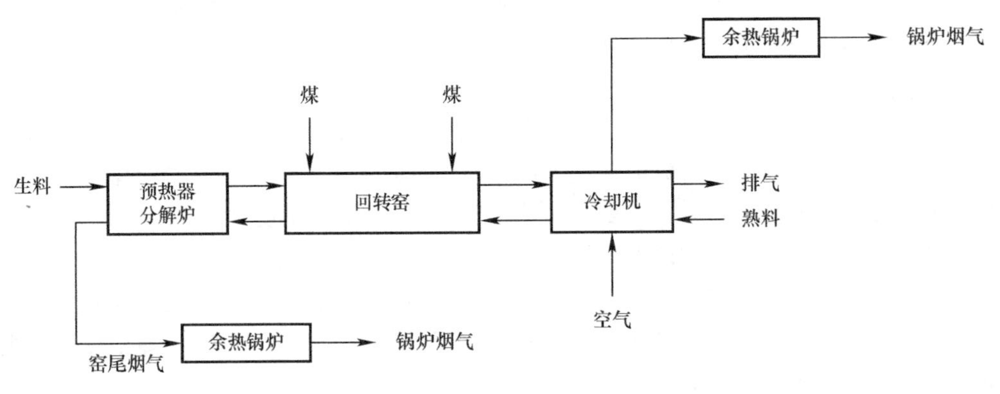

图3-8 水泥厂的典型工艺流程

主要反应原理：

$$CaCO_3 \rightarrow CaO+CO_2 \text{（高温）}$$

$$SiO_2+CaO \rightarrow CaSiO_3 \text{（高温）}$$

$$SiO_2+Na_2CO_3 \rightarrow Na_2SiO_3+CO_2 \text{（高温）}$$

生料在预热器分解炉内被来自回转窑的热风加热并初步分解，而主要的分解反应在回转窑内发生。在能源利用效率较高的水泥厂，预热器分解炉出口的热风（窑尾烟气）先经过余热锅炉，部分中高温段的烟气余热在其中得以回收；余热锅炉出口的烟气经过除尘并排出。在回转窑内分解得到的水泥熟料进入冷却机，冷却机内通入空气对熟料进行冷却，被冷却的熟料最终排出冷却机并在环境中进一步被冷却。用于熟料冷却的空气升温后，一部分进入回转窑内，在回转窑口点燃喷入的煤粉；另一部分则从冷却机头排出，能效较高的水泥厂利用余热锅炉回收部分热风（窑头烟气）中的余热。回转窑内煤粉燃烧放出大量热量维持生料的分解反应持续进行，回转窑壁面向周围环境辐射散热。

综上所述，水泥厂主要的低品位工业余热资源包括：冷却机排出熟料、窑尾烟气、窑头烟气、回转窑壁面以及余热发电环节的乏汽等。

水泥厂生产工艺的主要特点是：工序简单；核心设备少，主体设备为回转窑、冷却机与分解炉；核心设备之间的物料流动、能量流动非单向且相互解耦。因此水泥厂单位质量产品的余热量（MJ/t水泥熟料）的估算采用基于现场实测的热平衡估算方法，对核心设备进出口的物流、能流进行测量，求出物料平衡和能量平衡，最终计算得到各环节的余热量。

具体计算过程见附录。

将典型水泥厂的低品位工业余热信息归纳如表3-7所示。

典型水泥厂的低品位工业余热信息归纳　　**表3-7**

大环节	小环节	余热源	烟气不同处理方式下单位产品余热（MJ/t熟料）		
			烟气直排	窑头、窑尾烟气余热发电	窑尾烟气原料磨
窑尾	预热器烟气	含尘烟气	831.81［335℃］	460.17［203℃］	197.24［100℃］
窑头	中温排气	含尘空气	443.96［390℃］	101.99［105℃］	—
	低温排气	含尘空气	67.24［150℃］		
回转窑	外壁面辐射	铁壁面	135.50［300℃］		
发电机	出口乏汽	饱和蒸汽	—	570.89［45℃］	
合计			1478.51	1281.79	1072.86

3. 典型铜厂（有色金属冶炼）

非金属冶炼行业类别繁多，铜冶炼是其中具有代表性的一个子行业，是以铜矿石、煤为主要原料，生产粗铜（或精铜）以及副产品工业浓硫酸的工业部门。

采用火法炼铜工艺的铜厂的典型工艺流程如图3-9所示。

铜厂的工艺流程包括产铜和制酸两条支线。

反应原理：

$$2CuFeS_2 \rightarrow Cu_2S+2FeS+S$$

$$Cu_2O+FeS \rightarrow Cu_2S+FeO$$

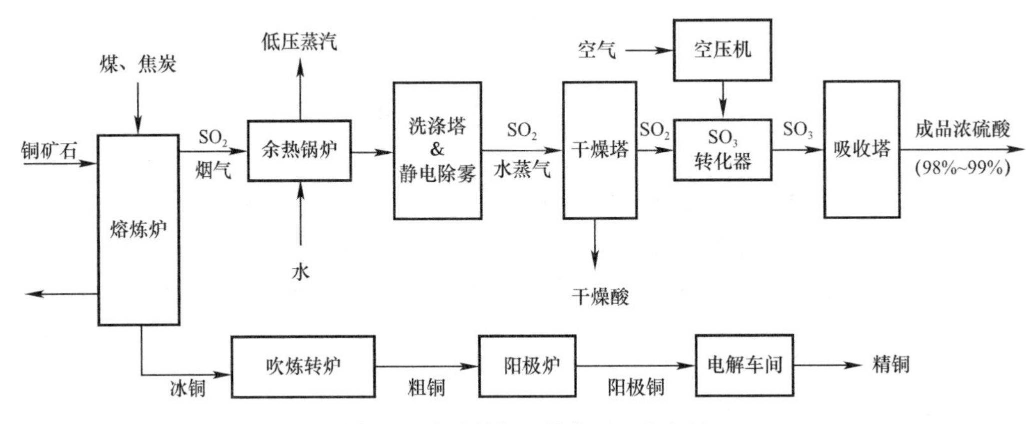

图 3-9 火法炼铜工艺典型工艺流程

铜矿石、煤或焦炭在熔炼炉内发生熔炼反应[104]，生成冰铜、熔渣与 SO_2 烟气，过程中放出大量热量。熔炼炉炉壁由冷却循环水负责冷却；与钢铁厂内高炉铁渣类似，熔渣通常被冲渣水带入渣池冷却。冰铜在转炉内发生吹炼反应[104]，氧化生成粗铜，并进一步释放出 SO_2 烟气，该过程同样释放出大量热量。吹炼炉炉壁由冷却循环水冷却。粗铜在阳极炉、电解车间内逐步精制，最终获得精铜。粗铜冷却过程中大量余热均以放散蒸汽及辐射方式散失，难以回收；而电解过程的余热较少且电解液不宜进行余热回收。

熔炼及吹炼过程产生的 SO_2 烟气是制酸的重要原料。烟气先经过余热锅炉，部分余热被回收；再经过洗涤环节，净化得到含水蒸气的 SO_2 气体；随后在干燥塔内被 93% H_2SO_4 与 98%H_2SO_4 干燥。干燥的 SO_2 气体与空压机制得的 O_2 在 SO_3 转换器内发生催化反应，最终生成 SO_3。高温 SO_3 预热低温的 SO_2 气体，并进一步在空气冷却器内降温至约 200℃，随后在吸收塔内被 98%H_2SO_4 吸收并产出成品浓硫酸。干燥、吸收、转换的过程都是放热过程，因此制酸过程伴随着大量热量的释放，实际生产中以空冷及水冷方式进行冷却散热。

综上所述，铜厂主要的低品位工业余热资源包括：熔炼过程的炉壁冷却循环水、熔渣（或冲渣水）、吹炼过程的炉壁冷却循环水、SO_2 洗涤水、空压机冷却循环水、SO_3（预热器出口至进入吸收塔前的工段）、干燥酸、吸收酸等。

铜厂生产工艺的主要特点是：工序特别繁多、复杂；核心设备极多；但铜冶炼过程的主要化学反应较少。因此铜厂单位质量产品的余热量（GJ/t 粗铜）的估算采用基于主要化学反应过程的投入/产出热平衡估算方法，针对主要化学反应过程的放热特性及燃料投入，可以估算出余热总量；再结合现场调研测试，将总余热量拆分为各环节的余热量。

具体计算过程见附录。

将典型铜厂的吨粗铜低品位工业余热信息归纳如表 3-8 所示。

典型铜厂吨粗铜低品位工业余热信息归纳　　表 3-8

工艺环节	余热名称	余热量（GJ/t）	起点温度（℃）	终点温度（℃）
铜冶炼	熔炼炉炉壁冷却循环水	5.24	30	40
	转炉炉壁冷却循环水	1.31	30	40
	熔渣	3.41	100	1200

续表

工艺环节	余热名称	余热量（GJ/t）	起点温度（℃）	终点温度（℃）
制酸	空压机冷却循环水	1.68	30	40
	SO_2 洗涤水	2.62	30	40
	干燥酸	2.36	45	65
	吸收酸	6.29	75	98
	SO_3	2.02	180	280
余热发电	乏汽	5.87	50	50
总计		30.8		

4. 典型炼油厂（石油化工）

石油化工是以原油为主要原料，生产燃料、润滑剂、石油沥青和化工原料等的工业部门，其中炼油厂是石油化工行业的基础部门。传统的石油炼制工艺装置包括原油分离、重质油轻质化、油品改质、油品精制、油品调和、气体加工、制氢、化工产品生产装置等，具体的工艺流程包括常减压蒸馏、催化裂化、催化加氢、延迟焦化、催化重整等[105]。

（1）石油化工行业余热资源种类

1）油类产品余热

石油炼制行业主要是根据不同油品的相对挥发度不同，从石油中提炼各种油类产品。在石油炼制的过程中，油品分离的主要设备为精馏塔。各精馏塔的塔底再沸器采用的热源大多为各种压力的蒸汽；蒸汽提供的热量大部分转移至各种油类产品中，油类产品经冷却介质冷却后，或通过冷却水塔排放到环境中，或作为热源加热其他物料。而在此过程中，大部分的油类产品温度较低，余热品位不高，大部分的产品余热没有回收利用，排放到了环境中。

2）废气余热

石油炼制过程中，加热炉是常用的加热设备，如常压加热炉、减压加热炉和催化裂化加热炉等。加热炉排气温度一般在200℃左右，具有一定的回收利用价值。

3）冷却介质余热

石油行业的冷却介质主要是冷却水。冷却水在石油炼制的过程中使用非常广泛，用量巨大，常用于各种油品的冷却降温。目前，我国石油炼制行业的先进水平需耗新鲜水约0.4t/t原油。

石油炼制行业循环冷却水的温度一般多为30～45℃，温度低，属于低温余热，回收利用较为困难。

（2）石油炼制行业余热资源分布

1）油类产品余热分布

其他炼化企业部分装置低温余热分布和油类产品的可利用余热负荷分别见表3-9。

2）空冷、水冷余热

首先，根据冷却塔冷却用新鲜水量（0.4t鲜水/t原油）及水的汽化潜热值（2500kJ/kg），可以估算油品冷却循环水余热：

$$e_{\text{石化,油品水冷}}=0.4\times2500=1000\text{MJ/t 原油}$$

部分装置低温余热分布和油类产品的可利用余热负荷　　表 3-9

工艺装置	热水发生量	进装置温度	出装置温度	热负荷
	t/h	℃	℃	MW
催化裂化				
Ⅰ套	1400	55	94	63.5
Ⅱ套	400	55	75	9.3
常减压蒸馏	300	55	106	17.8
四联合	400	55	109	25.1
加氢精制	150	55	82	4.7
发变电凝结水	50	55	85	1.7
化纤	150	55	97	7.3
芳烃				
热水 1	700	45	149	84.7
热水 2	250	45	94	14.2
硫磺凝结水	155	55	90	6.3
在建焦化				1.2
合计	3955			235.8

再根据边海军博士对燕山石化公司油品余热的调研报告[106]，空冷余热与水冷余热的热量大致相当，且余热品位一般在 80℃以上，估算出油品空冷余热：

$$e_{石化,油品空冷} \approx e_{石化,油品水冷} = 1000\text{MJ/t 原油}$$

5. 典型烧碱厂（无机化工）

无机化工是以含硫、钠、磷等矿物、空气、水和工业副产物等物质为原料，生产无机酸、烧碱、合成氨等化工产品的工业部门。

与石油化工行业类似，无机化工行业生产方式多样、产品类别多，因此无机化工厂（例如硫酸厂、烧碱厂、合成氨厂等）单位质量产品的余热量（MJ/t 无机产品）的准确估算必须根据不同类别工厂进行针对性的现场调研测试。本书主要利用文献［109，110］提供的相关数据，对氯碱工业（烧碱厂）的低品位工业余热进行粗略估计。纯碱生产余热主要流程如图 3-10 所示。

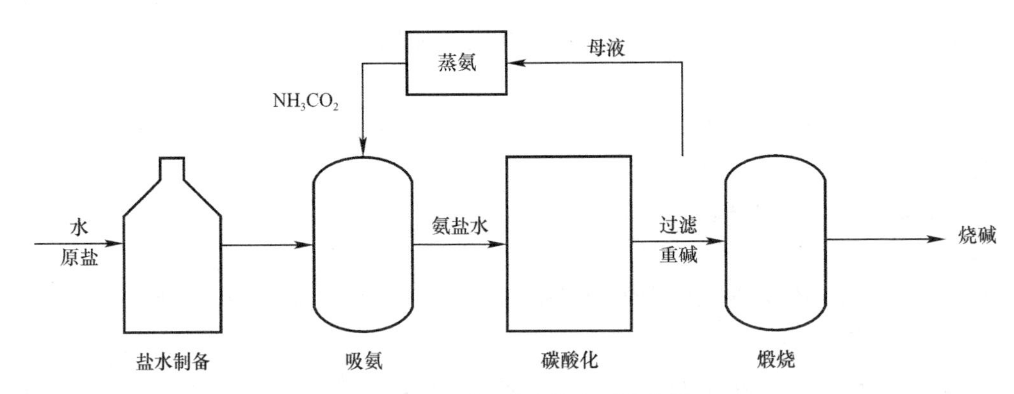

图 3-10　纯碱生产余热主要流程图

主要反应原理：

$$NH_3+CO_2+H_2O \rightarrow NH_4HCO_3$$
$$NH_4HCO_3+NaCl \rightarrow NaHCO_3+NH_4Cl$$
$$2NaHCO_3 \rightarrow Na_2CO_3+CO_2+H_2O \text{（加热）}$$

全国纯碱产能约 3134.21 万 t，纯碱余热回收系数见表 3-10，氨碱法制碱蒸吸过程余热总潜力约为 48.71MW。

纯碱余热回收系数　　表 3-10

流程	产品	余热回收系数（MJ/t）
合成工序	烧碱	671
蒸发工序	烧碱	1860

采用隔膜及离子膜生产系统的氯碱工业，合成工序及蒸发工序存在大量余热。合成工序中，利用冷却循环水将氯化氢气体从 600℃冷却至 45℃，余热量约为：

$$e_{\text{无机,氯碱,合成水冷}}=671\text{MJ/t 烧碱}$$

蒸发工序中，利用冷却循环水对浓缩电解液二次蒸汽进行降温，余热量约为：

$$e_{\text{无机,氯碱,蒸发水冷}}=1860\text{MJ/t 烧碱}$$

6. 低品位工业余热资源小结

以上针对不同类型高耗能工业部门生产工艺各自的特点，采用不同的方法对单位产量产品对应的低品位工业余热量进行估算，归纳如表 3-11 所示。

高耗能工业部门单位产量产品低品位工业余热量估算方法　　表 3-11

工业部门	生产工艺特点	采用的估算方法
石油炼焦	工序特别复杂，核心设备极多，产品多样且可变	基于冷却水耗及文献调研的估算方法
无机化工	生产方式多样，产品多样且差别巨大	针对特定工业，基于文献调研的估算方法
非金属矿物制品	工序简单，核心设备少，核心设备间的物流、能流非单向、耦合	基于现场实测的生产系统整体热平衡估算方法
黑色金属冶炼	工序复杂，核心设备少，核心设备间物流、能流单向解耦	基于核心工序、设备的热平衡估算方法
有色金属冶炼	工序特别复杂，核心设备极多	基于投入/产出化学过程的生产系统整体热平衡估算方法

对石油炼焦（炼油厂）和无机化工（氯碱厂）、非金属矿物制品（水泥厂）、黑色金属冶炼（钢铁厂）、有色金属冶炼（铜厂）五大类典型高耗能工业部门的低品位工业余热资源进行归纳小结，并按照 50℃以下、50～100℃和 100℃以上三个温度区间对其品位进行大致划分，如图 3-11 所示。图中可以看出，五大类高耗能工业部门中，有色金属冶炼行业的余热资源密度最高，非金属矿物制品行业的余热资源密度相对最低。整体来看，高耗能工业部门的余热主要集中在 100℃以上的高温段和 50℃以下的低温段，而 50～100℃的中温段余热相对较少。非金属矿物制品行业余热资源的品位相对较高，100℃以上的余热热量占余热总量的近 70%，50℃以下的余热热量仅约占余热总量的 20%。有色金属冶炼行业和石油化工行业余热资源在 50～100℃和 100℃以上的中高温度段分布较均匀；无机化工行业以较低温度的余热为主。归纳如表 3-12 所示。

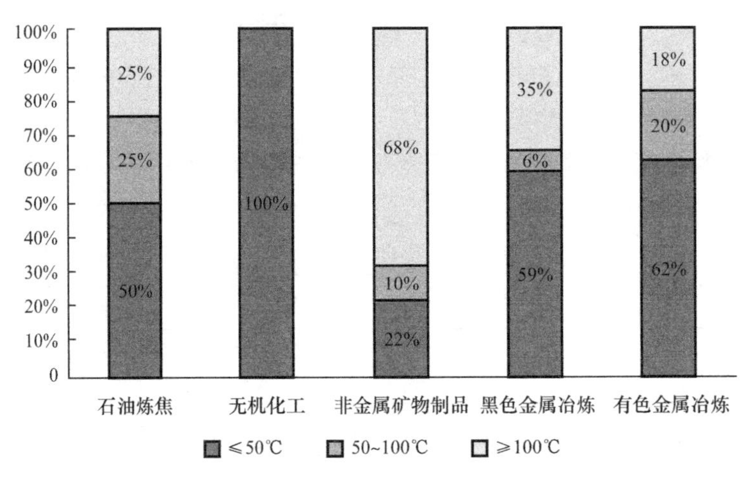

图 3-11 品位分布图

五大类典型高耗能企业理论产热量 **表 3-12**

工业部门	单位质量产量理论产热值	单位
石油炼焦（石化厂）	～2000	MJ/t 原油
无机化工（烧碱厂）	4391	MJ/t 硫酸
非金属矿物制品（水泥厂）	736.7	MJ/t 熟料
黑色金属冶炼（钢铁厂）	4582.5	MJ/t 钢
有色金属冶炼（铜厂）	30803.9	MJ/t 粗铜

3.3.2 北方低品位工业余热潜力预测

对未来低品位工业余热潜力进行预测时，一方面要基于已有统计数据，另一方面要充分考虑各类工业产量的发展趋势。经过对各类工业产品的产量预测，钢铁、水泥等工业产品产量将会出现较大幅度下降，而铜冶炼等有色金属、各类主要化工产品的产量有降有升、变化幅度并不剧烈。因此，对于未来区县级低品位工业余热分布预测采取的思路是——首先综合相关研究，预测总产量的未来数值，然后针对不同的产品种类分为两类预测方法：

（1）对于钢铁、水泥等未来产量将明显下降的工业种类，采用与电厂类似的预测方法，认为小型分散式工业企业相对于大型集中式工业企业更容易面临淘汰和转型。通过比较现状总产量和未来总产量，确定未来工业企业的规模基准线，即认为高于该规模的工厂得以保留，低于该规模的工厂未来不再保留，也不再将其余热潜力计算在内。

（2）对于有色金属（如铜冶炼）、化工（如烧碱、电石、无机酸、合成氨等）等行业，由于其企业数量相对于上文第一类企业较少且产量变化幅度相对较小，因此直接在现有各企业生产规模基础上按比例进行折算。

各类主要高耗能工业的具体计算方法和预测结果将在下文进行分别介绍。

3.3.2.1 钢铁行业

2019 年，我国粗钢产量 9.96 亿 t，占全世界的 53.1%。人均钢铁存量呈现近似 S 形曲线规律，通过拟合、外推得到未来存量趋势，再根据物质流平衡、折旧、政策情景假设等条件得到产量、废钢量、能耗等指标。在各个学者的预测中，2050 年钢铁总产量为 5 亿～7 亿 t。具体数据见表 3-13。

主要国家钢铁人均产量、消费量数据　　表 3-13

国家	美国	日本	英国	德国	法国	中国现状
钢铁人均产量峰值（kg/a）	690	1098	509	858	515	712
钢铁人均消费量峰值（kg/a）	711	802	—	660	517	670
产量达峰年份	1973	1973	1970	1974	1974	—
城镇化率	76%	75%	—	80%	70.4%	60.6%

取预测范围的中位值 6 亿 t 为本书预测的参考数值，结合对现状钢铁企业的统计数据，约相当于保留现状余热规模 500MW 以上的钢铁厂。整个北方地区未来将保留 45177MW 的钢铁行业低品位工业余热，钢铁冶炼低品位工业余热分省市汇总结果如图 3-12 所示。尽管河北省钢铁余热的可利用量在未来将出现大幅度降低，但其在整个北方地区钢铁行业中仍然占据最为关键的位置。汇总结果如图 3-12 所示。

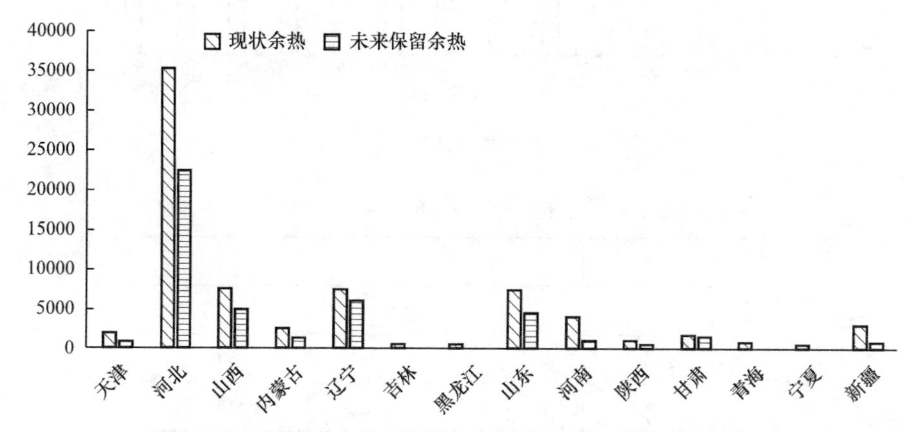

图 3-12　钢铁冶炼低品位工业余热分省市汇总结果（MW）

3.3.2.2　炼焦行业

焦炭的主要用途是钢铁冶炼，因此焦炭行业的发展趋势可以参考钢铁冶炼的发展趋势。参见上一节对钢铁产量变化的预测，约相当于保留现状余热规模 80MW 以上的焦炭厂。整个北方地区未来将保留 15209MW 的炼焦行业低品位工业余热，炼焦低品位工业余热分布分省市汇总结果如图 3-13 所示。焦炭企业的地理位置分布与煤炭资源的分布密切相关，山西省是焦炭产量最大、炼焦企业分布最密集的省份。

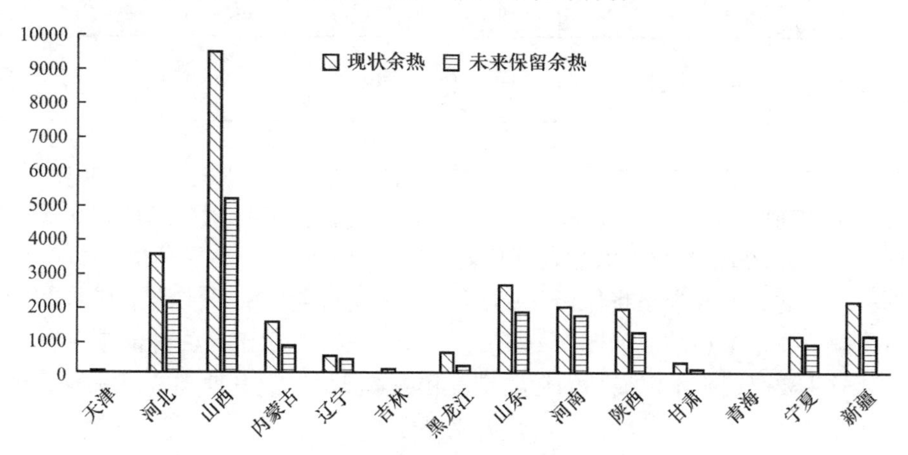

图 3-13　炼焦低品位工业余热分布分省市汇总结果（MW）

3.3.2.3 非金属矿物—水泥熟料制造

我国水泥产量在2014年达到峰值后出现下降趋势，到2019年有所回升至23亿t，折算人均产量1664kg/a，人均消费量1679kg/a。目前，我国水泥人均存量已经超过了英国和美国，但是距离日本和德国还稍有差距。具体情况见图3-14、图3-15及表3-14。

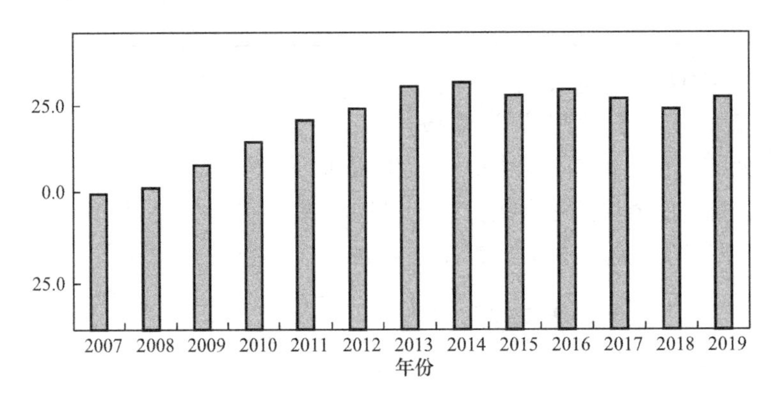

图3-14 中国水泥历年产量（亿t）

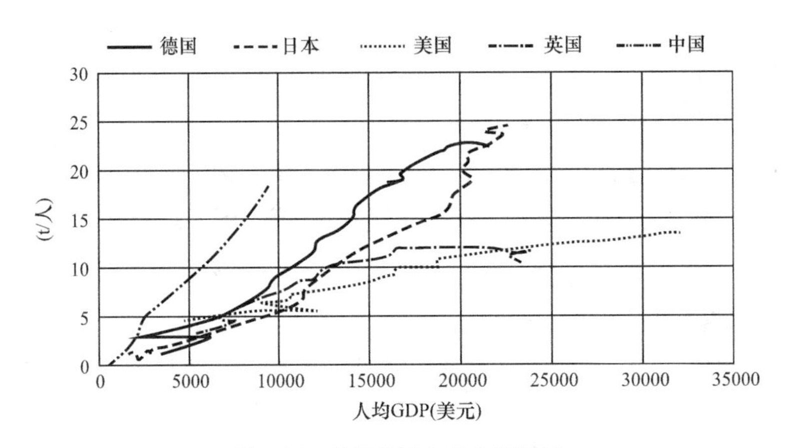

图3-15 世界各国人均水泥存量

部分国家和地区水泥人均产量峰值与城镇化率对照 表3-14

国家	美国	日本	西欧	德国	法国	韩国	中国现状
水泥人均产量峰值（kg/a）	432	715	600～700	800	566	1000	1664
城镇化率	76%	75%	97%	80%	70.4%	90%	60.6%

结合中国目前的人均水泥存量和发达国家的对比情况，相关学者预计2050年中国水泥产量将降至7.5亿t，结合本书的调研结果，约相当于保留余热规模在65MW以上的水泥生产厂。整个北方地区未来将保留4997MW的水泥行业低品位工业余热，水泥熟料低品位工业余热分省市汇总结果如图3-16所示。与钢铁行业相比，熟料企业在地域分布上比较分散，这主要是由于水泥成品的运输难度和成本较大，故其地理位置一般更接近产品需求地而非原料提供地。

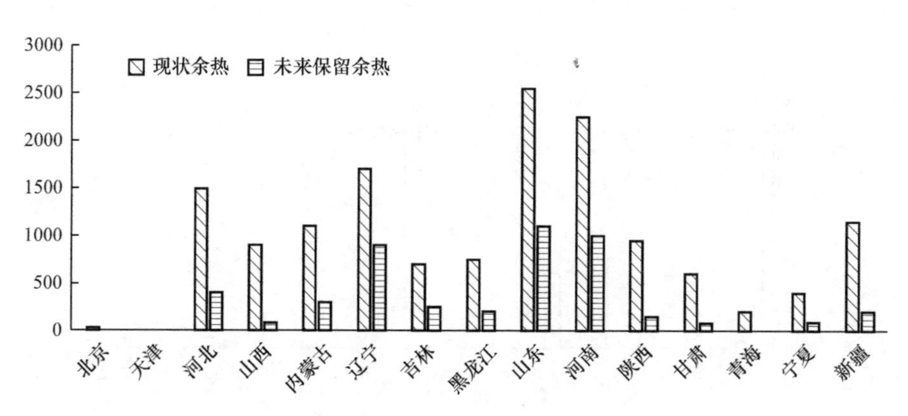

图 3-16 水泥熟料低品位工业余热分省市汇总结果（MW）

3.3.2.4 有色金属冶炼—铜冶炼

2017 年中国精炼铜产量 892 万 t，消费量 1180 万 t（图 3-17）。通过自下而上的估计方法，有学者对中国各个部门（电力设备、交通等）的用铜需求及废铜回收量进行了预测，预测到 2050 年，中国精炼铜消费量达到 1080 万～2400 万 t，考虑到人均铜在用存量的合理范围，取铜消费量为 1200 万 t。可以看出，未来铜消费量与现状相差不大，故未来的铜冶炼余热分布可直接参考现状确定。世界主要国家和地区人均在用存量（铜）见表 3-15。火法炼铜余热在山东、内蒙古等地相对密集，与黑色金属冶炼相比余热体量相对较小，汇总结果如图 3-18 所示。

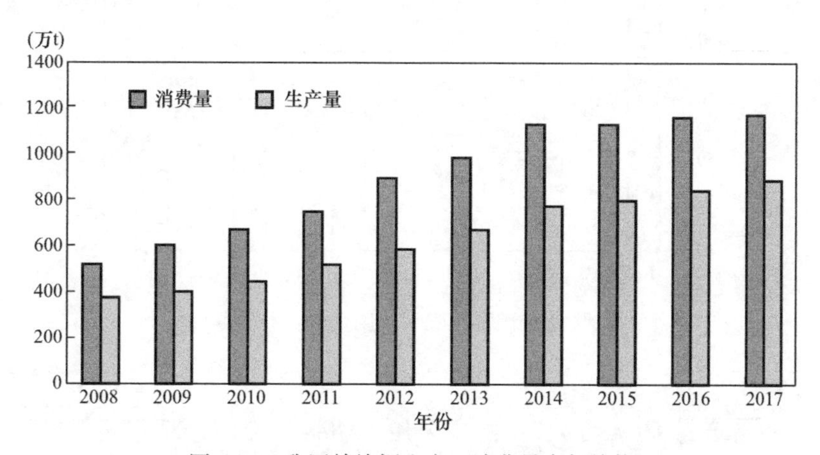

图 3-17 我国精炼铜生产、消费量今年趋势

世界主要国家和地区人均在用存量（铜） 表 3-15

国家/地区	人均在用存量（kg/人）
欧洲	145～200
日本	122
韩国	133
北美	152
中国	40.5～50
世界	48

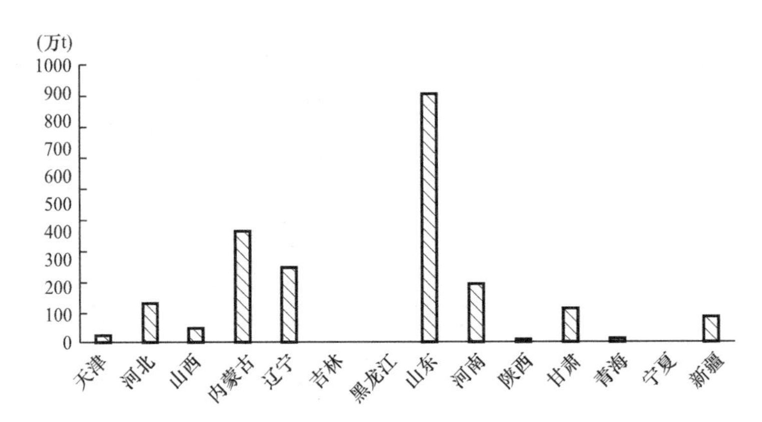

图 3-18　火法炼铜低品位工业余热分省市汇总结果（MW）

3.3.2.5　化工行业

（1）合成氨

我国 2017 年合成氨产量 4900 万 t，大部分用于生产化肥，部分国家化肥平均用量见图 3-19。根据联合国粮农组织数据库，2016 年我国化肥平均用量已经达到发达国家的 2 倍。考虑到未来化肥效率的提升，相关学者预测，2050 年中国合成氨产量将下降到 4300 万 t。

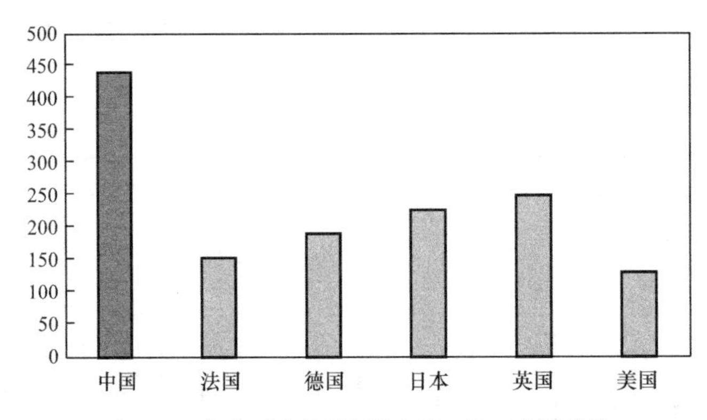

图 3-19　部分国家化肥平均用量（kg/公顷耕地）

（2）甲醇

我国现状甲醇产量 5654 万 t。甲醇主要用于塑料生产，2017 年塑料产量 7500 万 t，消费量约 5300 万 t。我国现在人均年塑料消费量 45kg，相比之下，韩国、加拿大等发达国家高达 100kg。考虑到塑料消费量的提升，以及塑料回收率的提升，相关学者预测到 2050 年回收塑料产量占比达到 40%，甲醇产量将达到 6700 万 t。

（3）烧碱

2019 年我国烧碱产量 3459 万 t。考虑到 2050 年氧化铝产量预计下降 45%，造纸和化工等需求要增加接近一倍，预计烧碱产量达到 4200 万 t 左右（图 3-20）。

（4）电石

电石主要用于生产聚氯乙烯，近年来呈现产能缩减，产量上升的趋势。2018 年我国电石产量 2800 万 t（图 3-21）。考虑人均塑料消费量的提高和塑料回收率的提升，以及国家对高耗能高污染企业的限制，预计电石产量保持在 2500 万 t 左右。

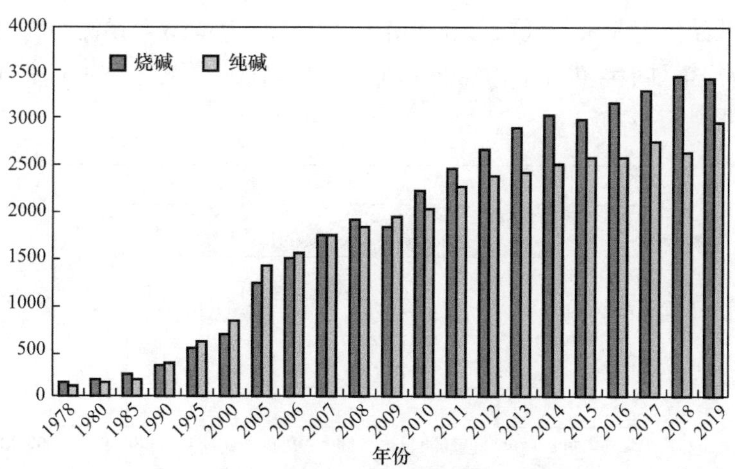

图 3-20 我国烧碱、纯碱产量逐年变化趋势（万 t）

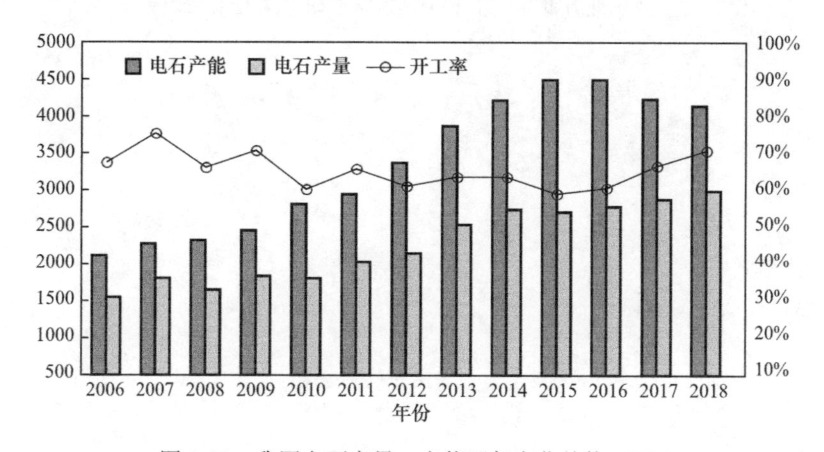

图 3-21 我国电石产量、产能逐年变化趋势（万 t）

综合以上各类化工产品的产量变化趋势，整个北方地区未来将保留 28213MW 的化工制造行业低品位工业余热，北方各省市化工制造行业低品位工业余热如图 3-22 所示，可以看出相比于现状余热规模，未来化工行业余热潜力变化幅度不大，由于各省市主要化工行业的不同，部分省市余热潜力微降，部分行业则微升。

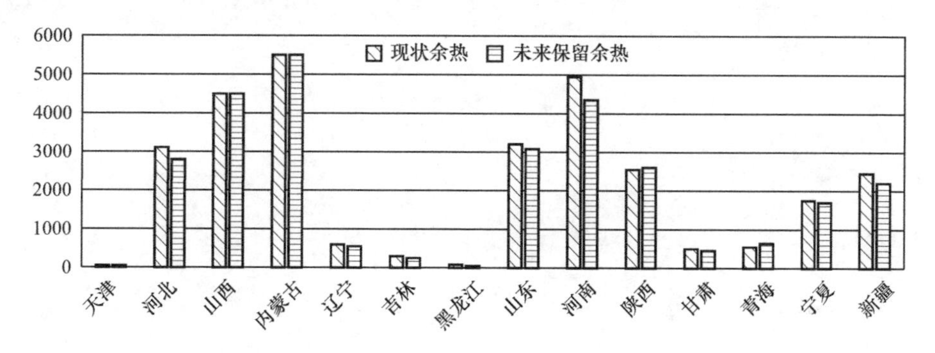

图 3-22 北方各省市化工制造行业低品位工业余热（MW）

综合以上各类低品位工业余热预测结果，对我国北方地区工业企业总余热量进行汇总。我国北方低品位工业余热现状总利用潜力为 14.76 万 MW，预测 2050 年余热总量降至 9.59 万 MW，相对于现状降低约 35%，主要是由钢铁、炼焦、水泥行业体量缩减导致。具体预测结果如图 3-23 所示。

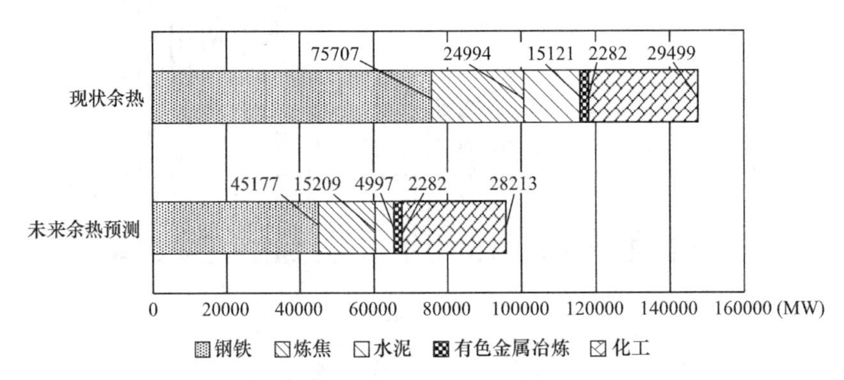

图 3-23　我国北方低品位工业余热现状调研结果及未来预测结果

第 4 章

低品位工业余热工程调研

第 3 章提出了低品位工业余热信息统计三个层级的目标及相适应的方法，重点介绍了目标及统计方法较为宏观的前两个层级。第三个层级主要解决的是具体余热供暖工程中工厂余热的调研方法问题。

本章以典型高耗能工业企业（钢铁厂）为例，详细介绍了工程中低品位工业余热调研的方法，包括需要了解的信息、注意的事项以及余热统计结果的表述方式等。

4.1　第三层级目标的统计方法

低品位工业余热信息统计第三层级的目标是服务于工业余热利用工程的建设，服务对象涉及特定的工业园区或工厂等，最简单、直接、准确的方式则是通过实地调研的方式调查工厂基本信息及厂区内的低品位工业余热量、品位分布、余热的可利用程度等信息。

首先，由于涉及工业余热利用，特别是工业余热供暖，必须获取工厂的生产规模、全厂检修时间安排、厂区布置、工艺流程、基本用能情况及与目标供暖区域的距离远近等信息。其中，生产规模意味着工厂的生存可能，并且可以间接反映工厂生产的稳定程度。一般而言，生产规模越大，工厂在当地生存发展的可能性越高，即余热利用在长期范围内更可靠；并且生产规模越大，工厂的生产制度往往越规范，生产更为平稳，即余热利用在短期范围内更稳定；反之亦然。全厂检修时间（在工厂内部常称为“大修”）的安排，对于余热工程的建设以及运行意义重大。检修时间安排在夏季的工厂，余热供暖工程可以安排在夏季建设，且冬季运行不至于出现长时间停产的情况；检修时间安排在冬季的工厂，则工程建设与运行均存在较大的阻力与风险。厂区布置可以了解多个余热热源所处位置以及相互距离。工艺流程是对余热热源的介质状态、品位等基础信息的概述，工艺流程一旦确定，实际上余热热源的重要性质与温度参数就已经确定。基本用能情况是对生产规模信息的侧面补充，更是对工厂余热热量大小定性估计的前提。基本用能包括燃煤、焦炭、电（自备电或外购电）等，其中多数工厂的电力主要消耗在冷却水泵、风机、生产管线伴热等环节，并不直接参与化学过程；参与化学反应的电力消耗主要用于电炉、电解等环节。一般用能越多的高耗能企业，生产规模越大，余热量通常越大。与目标供暖区域的距离远近主要反映出余热供暖的相对经济性，当与目标供暖区域距离较远时，对余热的品位要求更苛刻，只有余热品位较高、供水温度较高时才有利用价值；当与目标供暖区域距离较近时，对余热的品位要求不高，此时余热的热量越多则说明工程建设的经济性越佳。

其次，要对低品位工业余热量、余热品位作细致的调研。其中，绝大多数余热热源介质的品位基本维持恒定，原则上对余热介质的品位做单点的调研或是做 2～3 次的单点调研与复核即可。许多余热热源介质的品位并非必须维持在某一个固定的温度，而是存在一定的可接受范围；调研过程中必须严谨地了解生产工艺对余热介质被冷却前后的温度范围要求。对于余热热量，多数情况下可以通过两种途径进行估算：(1) 对于空冷和水冷的余热热源介质，都可以由介质的比热容、流量与被冷却前后温差的乘积得到；(2) 对于水冷的余热热源介质，还可以由鲜水补水量与水的潜热的乘积得到。需要注意的是，通常余热量在一定程度内波动，有的工厂生产制度安排合理，可以使得余热量基本维持稳定；有的工厂则出于种种考虑，生产制度的安排使得余热量波动显著。在波动过程中，余热信息主要包括：波动周期、最大余热量、平均余热量、最小余热量等。其中，最重要的信息无疑是最大余热量，余热采集设备、输配设备及管网都需要按照最大余热量进行设计与建设。平均余热量主要用于计算工业余热供暖面积，从而确定供暖半径。最小余热量与波动周期主要起到辅助设计的作用：结合最大余热量与平均余热量，可以确定调峰及补热热源的设计功率；还可用于判断是否会对供暖末端舒适性、管网寿命产生显著影响等，例如波动周期特别短时（例如 1h），供水温度可能频繁变化，当变化幅度较大时由于供水管频繁收缩产生的应力将缩短管网的寿命；再如波动周期很长时（例如 1d），可能会增大供暖系统的调节难度，影响供暖末端的舒适性。绝大多数工厂的波动周期都不长，需要考虑其对管网寿命的影响。

最后，余热的可利用性也颇为重要。余热可利用性主要受到余热采集设备的布置空间、余热热源之间相对位置及远近等因素的影响。几乎所有的低品位工业余热供暖工程都属于改造工程，即在拥挤不堪的旧有厂区内寻觅空间安装余热采集装置及附属管线与设备，对于余热热源附近空间位置狭小且采集设备又不能安装于别处的情况，该余热就失去了利用的可能。另外，取热热网管线在厂区内穿行，将余热逐一回收，当一些余热热源距离其他热源较远，或者为了回收一些余热导致取热热网管路的连接特别复杂时，将大大削减这些余热的利用可能。

总之，低品位工业余热信息统计第三层级的目标对应的统计方法具体而繁琐，针对不同工厂需要专门分析。以下介绍赤峰市铜厂、迁西县钢铁厂两个实际工厂的余热调研案例，案例最后给出的余热调研结果较完整地展示了余热热源介质的性质、热量、品位及可利用性等信息。

4.2 迁西县钢铁厂余热调研

4.2.1 迁西县钢铁厂基本信息

迁西县周边有两座钢铁厂，分别为钢铁厂 J 与 W。其中钢铁厂 J 现有炼铁高炉 9 座，炼钢转炉 6 座，年产铁量 600 余万 t，产钢量 650 万 t，产品以 H 型钢和带钢为主。钢铁厂 W 有炼铁高炉 3 座，炼钢转炉 2 座，年产铁量 200 余万 t，产钢量 200 万 t，产品以螺纹钢为主。两厂的大修时间一般安排在夏季，约 20d，高炉会在全年内交替检修。

两座钢铁厂均位于县城的西北方向，其中钢铁厂 W 距县城约 4km，钢铁厂 J 距县城约 9km。

钢铁厂内的煤气（高炉煤气、转炉煤气等）已经用于生产蒸汽进行发电。钢铁厂 J 有余热发电机组 4 台，钢铁厂 W 有余热发电机组 3 台。

图 4-1 所示为钢铁厂 J 的厂区平面布置。9 座高炉分布于厂区东北部、中部与南部。高炉附近均有渣池，用于冷却冲渣水；冷却塔群也位于高炉聚集地，负责冷却高炉炉壁循环水。连铸车间位于厂区南部。余热发电中心位于厂区东北角。

图 4-2 所示为钢铁厂 W 的厂区平面布置。三座高炉集中于厂区西南，附近有渣池与循环水冷却塔。连铸车间偏于厂区北侧。余热发电中心位于厂区东北角。

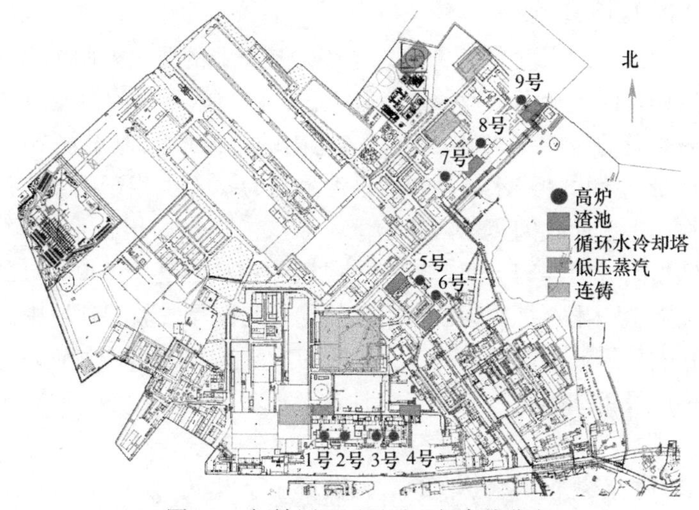

图 4-1 钢铁厂 J 厂区平面与余热分布

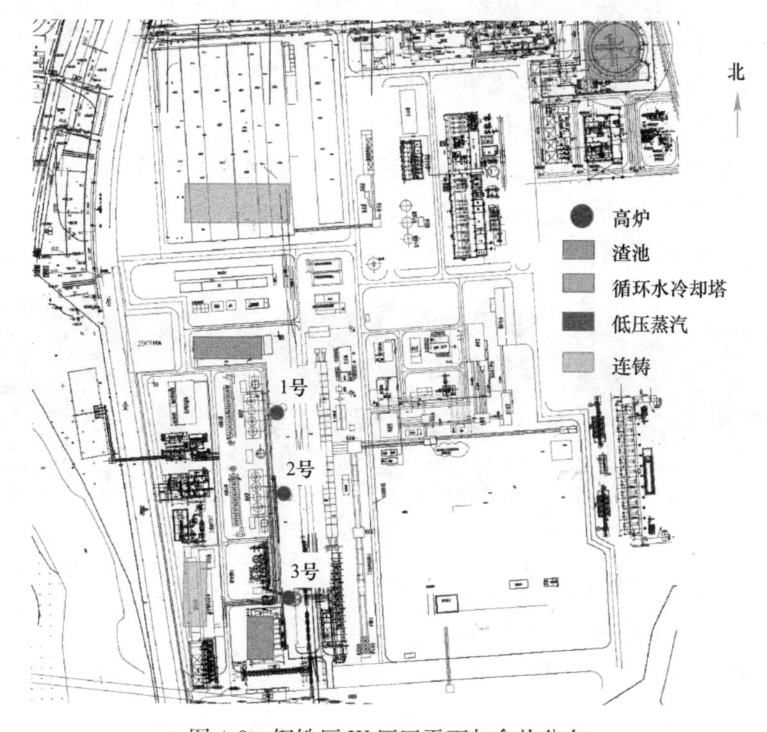

图 4-2 钢铁厂 W 厂区平面与余热分布

4.2.2 迁西县钢铁厂余热概述

由于钢铁厂占地面积大，各工序之间非常分散，特别是炼铁、炼钢、轧钢三个分厂相距较远。因此余热调研主要针对余热量较大且较为集中的炼铁分厂。

如第 3 章所述，炼铁厂的余热主要包括高炉炉壁冷却循环水、冲渣水、煤气洗涤水余热三部分，其中煤气洗涤水由于水质较差，目前不具备利用条件。

高炉炉壁冷却循环水水量大，但品位低。循环水呈碱性，为了防止结垢及局部汽化，水温要求控制在 45℃以内。

高炉出渣时，冲渣水的水温高于 90℃。由于除渣作业的要求，两个钢铁厂都不能在渣池上方安装简易遮挡，因此池面蒸发散热量较大。冲渣口附近的闪蒸蒸汽热量与渣池的散热量约占冲渣水总热量的 40%。非出渣时，渣池内的水温最低为 60～70℃。由冲渣水余热量及最大循环水量估算出冲渣水被冷却后水温最高为 60℃。由于闪蒸蒸汽量大，且冲渣口周边的空间充裕，考虑回收闪蒸蒸汽的热量。

另外，在炼铁厂附近的连铸车间，连铸完成后的钢坯温度约 600℃，在送往轧钢厂之前，需要等待钢坯数量积累至批次规模。钢坯热量在此过程放散于环境中。由于轧钢采用热轧工艺，需要重新将钢坯加热至 1000℃，因此实际上应该尽可能对钢坯进行保温，以减少轧钢再热量。但顾及钢坯运送过程的安全性，考虑将钢坯空冷至 400℃，冷却过程的余热予以采集回收。

两座钢铁厂都有相当规模的余热蒸汽，目前都用于发电。其中，大中型机组（例如钢铁厂 J 的 50MW、25MW 机组与钢铁厂 W 的 18MW、9MW 机组）的蒸汽均来自燃煤气锅炉，蒸汽温度高、压力高；小型机组（例如钢铁厂 J 的 12MW 机组与钢铁厂 W 的 6MW 机组）的蒸汽主要来自转炉，蒸汽温度和压力均不高（165℃，0.6MPa）。从经济性角度出发，低压蒸汽可以直接用于集中供暖。

相比于铜厂，由于钢铁厂的高炉较多，各座高炉之间的生产波动相互错开，从整体上看，产量平稳，余热量也十分稳定。

图 4-3 所示为迁西县钢铁厂低品位工业余热现场照片。

(a) 高炉炉渣冲渣水

(b) 高炉炉壁冷却塔

(c) 连铸钢坯

图 4-3　迁西县钢铁厂低品位工业余热现场照片

4.2.3 迁西县钢铁厂余热统计结果

表 4-1 所示为迁西县钢铁厂可利用低品位工业余热的统计结果，热流率数值包括了钢铁厂 J 与钢铁厂 W 的总和。

迁西县钢铁厂可利用低品位工业余热统计结果　表 4-1

热源名称	热流率（MW）	被冷却前温度（℃）	被冷却后温度（℃）	热源性质	备注
高炉炉壁冷却循环水	157	45	35	水	弱碱性
高炉冲渣水	98	70	60	水	含絮状物、含 Cl^-
高炉冲渣水闪蒸蒸汽	49	90	90	蒸汽	—
连铸钢坯	20	600	400	固体	不应过度取热
低压蒸汽	87	165	165	蒸汽	不稳定，表中所示为最大值

第 5 章

低品位工业余热采集

遵从第 3 章、第 4 章所介绍的低品位工业余热信息统计方法，获得低品位工业余热的热量、品位等基本信息后，需要采集余热。低品位工业余热热源多种多样，千差万别。在余热采集过程中，必须针对余热的具体特点采用合理的技术、应用合适的设备，既使得采集过程满足工厂生产工艺的要求，又使得取热后的热网水满足供暖的热量及品位要求。

本章先建立科学的余热分类系统，研究不同类别余热采集过程的特点、难点与相应的解决方法，再针对各类余热采集过程的共性突出问题进行归纳并从宏观上把握其需要重点研究或攻坚的方向和内容，从而指导余热采集技术的开发与改善。最后介绍并分析一些典型的低品位工业余热回收利用技术和系统。

5.1　低品位工业余热的分类系统和分类方式

实际工业生产过程中的余热种类繁多，建立科学、合理的分类系统有助于快速了解任意一种实际的余热热源在余热采集过程中可能遇到的难点和需要注意的问题，以便找出合理的技术、合适的系统或设备。

服务于上述目标，分类系统必须满足以下几个条件：

（1）单一性。任意两个分类之间互相独立，互不包含；任意一个分类都具有各自显著的特点使之与其他分类区分开来。

（2）完备性。任意的余热热源都必须能在分类系统中找到对应的分类。

（3）有效性。分类系统中各类别对应的特点应尽可能涵盖余热采集过程中常见的问题。

本节从热源介质的物质状态、热源放热过程的特性以及热源介质在生产工艺中所处的阶段三种分类方式对低品位工业余热进行分类，建立如图 5-1 所示的分类系统。

5.1.1　按热源介质的物质状态分类

按热源介质的物质状态分类，可以将低品位工业余热分为气体、液体、固体三大类。

气体包括烟气/空气、蒸汽和可燃性气体三个子类。少数情况下余热热源的介质为空气，但空气与烟气的性质具有更大的相似性；且工业生产环境中的空气往往更接近于烟气，因此将空气和烟气划分在一个子类内。可燃性气体主要指黑色金属冶炼中的各类煤气（焦炉煤气、高炉煤气、转炉煤气等），大型钢铁厂大多已经利用了其化学热，而高温煤气的显热往往未被完全利用。蒸汽可按照压力等级分为中常压蒸汽、高压蒸汽和负压蒸汽，

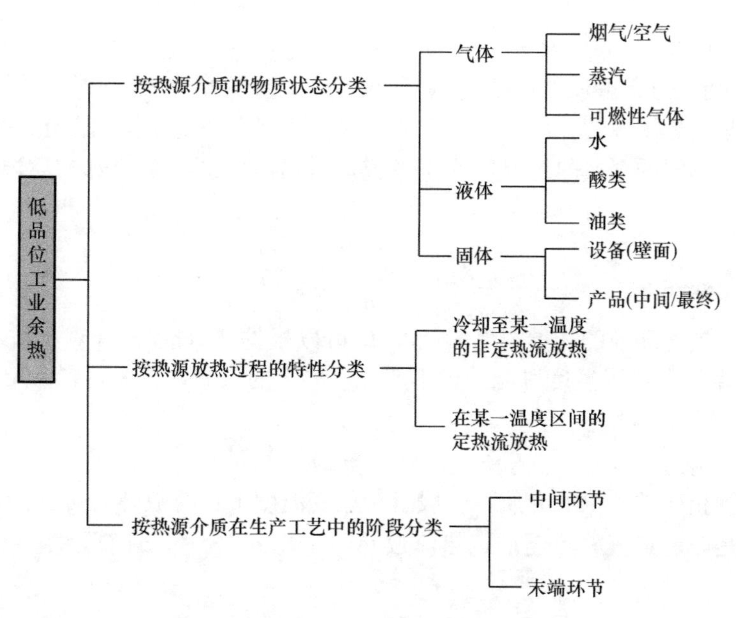

图 5-1　低品位工业余热分类系统

常压蒸汽包括闪蒸蒸汽、开放或半开放容器内产生的蒸汽（如钢渣的焖渣蒸汽），还有进入烟气中的水蒸气（如冶炼炉出口 SO_2 进入干燥塔前常含有水蒸气）等。中高压蒸汽一般是由其他相对高品位的余热（可燃气体、高温烟气等）通过余热锅炉产生，负压蒸汽一般是发电乏汽。

液体包括水、酸类和油类三个子类。常见的液体工业余热是各类冷却循环水，通常用于生产装置（如冶炼炉、常减压装置等）或产品（如煤气、熔渣等）的冷却。此外还有洗涤水例如 SO_2 洗涤水等。酸类和油类常出现在冶炼、化工、石化行业，例如 93%浓硫酸、98%浓硫酸、成品油等。

固体包括工业生产设备（壁面）和产品（中间/最终）两个子类。工业生产设备的壁面主要是冶炼炉壁面，其材质一般是耐火砖。由于燃烧反应、化学反应持续不断放热，耐火砖外表面温度很高，需要持续冷却散热。固体工业产品从窑炉或者冶炼炉中产出时携带大量显热，例如玻璃退火余热、水泥熟料冷却余热、轧钢冷却余热等。

5.1.2　按热源放热过程的特性分类

按热源放热过程的特性分类，可以将低品位工业余热分为冷却至某一温度的非定热流放热及在某一温度区间的定热流放热两类。

对于某些余热热源的介质，生产工艺并不要求其在一定时间内散走一定的热量，即余热热源呈现非定热流特性。其被冷却前的初始温度 t_h 往往较为固定，但最终被冷却后的终了温度 t_l 可接受的允许范围比较广；对应于不同的 t_l，余热的热流量 $\dot{Q}$ 也相应发生改变，因此是一种非定热流的放热。典型的如废烟气，只要使得生产设备、除尘设备安全可靠运行的 t_l 都是可以被接受的，对于这种类型的余热热源，其热流量 $\dot{Q}$ 可按式（5-1）计算，是 t_l 的单值函数：

$$\dot{Q}=c_p \times \dot{m} \times (t_h - t_l) = f(t_l) \tag{5-1}$$

式中，c_p 为余热热源介质的比热容，kJ/(kg·℃)；$\dot{m}$ 为余热热源介质的质量流量，kg/s。

对于另一些余热热源的介质，生产工艺要求其必须在一定时间内散走一定的热量，即为定热流特性。不同的余热热源介质的质量流量，对应不同的被冷却前后温差 Δt。Δt 可按式（5-2）计算：

$$\Delta t = \frac{\dot{Q}}{c_p \cdot \dot{m}} = g(\dot{m}) \tag{5-2}$$

再给定一个被冷却前的初始温度 t_h 后，就可以根据式（5-3）计算出被冷却后的终了温度 t_l 。初始温度和终了温度可能受到生产工艺要求的限制，具体可参考第 5.1.3 节的分类方式。

$$t_l = t_h - \Delta t \tag{5-3}$$

对于蒸汽等相变类的热源介质，一般是在相变温度下进行放热，可认为被冷却前后温差为零。无论是非定热流放热还是定热流放热，根据式（5-4）计算，相变介质的质量流量和散热功率一一对应。

$$M = Q/r = g(Q) \tag{5-4}$$

5.1.3 按热源介质在生产工艺中的阶段分类

按热源介质在生产工艺中所处的阶段分类，可以将低品位工业余热分为中间环节和末端环节两大类。此分类方法重点考量热源介质温度对生产工艺的影响程度。低品位工业余热采集的首要原则是热源介质的温度在余热采集前后都满足生产工艺的要求。余热热源在生产工艺中所处的环节不同时，对热源介质的温度要求也不同。

中间环节的热源介质温度对生产工艺有影响，因此中间环节的余热热源的介质温度受到严格控制，或不可高于温度上限，或不可低于温度下限，或两者兼而有之。例如在有色金属冶炼行业的制酸流程中，干燥塔内的干燥酸（主要成分为 93%左右的浓硫酸）对 SO_2 烟气进行干燥并升温至约 60℃，流出干燥塔的干燥酸在冷却器内被循环冷却水冷却降温至 45℃左右，再进入干燥塔并从塔顶喷下，与 SO_2 烟气逆流湿交换，从而完成循环。生产工艺一般要求上塔酸温不高于 45℃，下塔酸温不高于 65℃。

末端环节则对生产工艺本身没有影响，因此末端环节的热源介质温度没有特别严格的要求。结合第 5.1.2 节的定义，对于非定热流热源，例如冲渣水、烟气等，热源降低到多少温度都可能是可行的，但需要考虑设备的运行寿命，比如冲渣水温度过高，可能影响渣池寿命，再比如烟气温度过低，可能有酸腐蚀等风险。对于定热流热源，例如炉壁冷却，炉壁温度可以提高，也可以降低，只要不超出耐火砖的耐温范围即可，但由于炉内反应持续不断进行，实际一定时间内需要散出来的热量也是一定的。因此冷却水温度虽然可以调整，但是必须综合考虑换热系数的影响，确保热量及时带走。再如冷却循环水，一般要求循环水温度不高于上限温度，而对循环水温度下限没有要求（保证流动），确保被冷却设备热平衡即可。

5.1.4 常见的低品位工业余热

将工业生产中一些常见的低品位工业余热列举出来，并将其对应至上述分类系统中的具体类别，如表 5-1 所示。

常见低品位工业余热的分类 表 5-1

热源举例	分类依据											
	物质状态								放热过程的特性		生产工艺中的阶段	
	烟气/空气	蒸汽	可燃性气体	水	酸类	油类	设备（壁面）	产品	非定热流放热	定热流放热	中间环节	末端环节
SO_3 烟气	○									○	○	
烧结机排气	○								○			○
高炉煤气			○						○			○
高炉煤气洗涤水				○					○			○
延迟焦化柴油						○			○			○
冶炼炉炉壁							○			○		○
炉壁冷却循环水				○						○		○
高炉铁渣								○	○			○
铁渣冲渣水		○		○					○			○
吸收酸/干燥酸					○					○	○	
水泥回转窑							○			○		○
热轧钢								○	○			○

在对余热进行分类的过程中，可以发现如下几个现象：

(1) 在一定的情况下，对于同一种余热来源，采用不同的采集方法时，其对应分类可能会发生变化。从物质状态上看，一般会从固体、气体余热变为液体余热：例如高炉煤气余热（约 150℃，气体）被洗涤后变为洗涤水的余热（平均温度约 60℃，液体）；高炉铁渣余热（约 1500℃，固体）经过水淬变为冲渣水的余热（平均温度约 80℃，液体）；冶炼炉炉壁余热（超过 1000℃）变为冷却循环水的余热（一般仅有 25～35℃）。从按热源放热过程以及对生产工艺的影响看，则一般不会发生变化，例如无论高炉铁渣还是冲渣水，都属于末端环节的余热，且都属于非定热流放热。从上述案例的描述中不难发现，当余热的分类发生转化时，往往出现了余热品位的退化现象。

(2) 个别情况下，余热在某一种分类方式下可能会对应至多个子类别。例如底滤池冲渣水的余热（图 5-2），在出渣口附近，大量低温水将从冶炼炉排出的上千度高温热渣冲至渣槽，瞬间产生极大量的常压蒸汽（温度高达 95～100℃）；渣水顺着渣槽流入渣池的过程中，仍然不断地有水蒸发散失，且散失的蒸汽量与室外环境温度、渣槽长度、渣槽密闭程度等因素有关。渣水进入渣池后，一方面池面散热带走余热，另一方面经过池底过滤后的冲渣水经过冷却设备（如冷却塔）冷却，再由冲渣泵提升至出渣口，循环冲渣。上述过程中，冲渣水的余热包括闪蒸蒸汽余热和渣水余热两大部分，在分类上既对应了液体（水）又对应了气体（蒸汽）、既对应了在非定热流放热（渣水）又对应了定热流放热（蒸汽）。

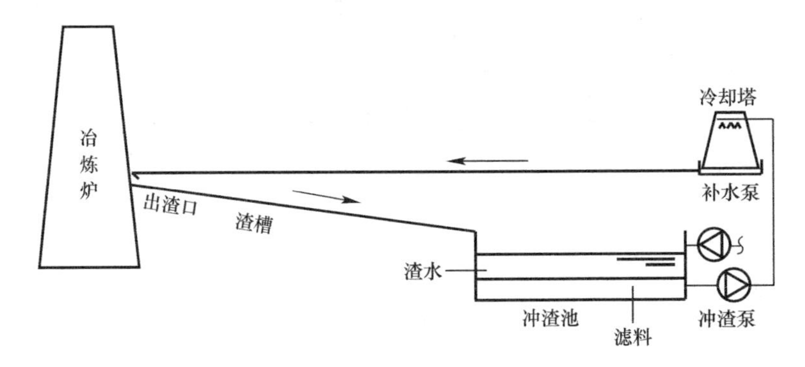

图 5-2　底滤池冲渣水余热系统示意图

5.2　不同类别余热采集过程的特点、问题与解决方向

5.2.1　烟气/空气

工业生产过程中的烟气中含尘、含酸性气体，例如高炉煤气含尘量 40～100g/m^3[102]；此外，烟气体积流量大，例如对于利用系数 1.6t/(m^{3}d) 的 120m^3 高炉，煤气的发生量可达 2.2 万 Nm^3/h[128]。热源介质为空气时，与烟气类似，同样体积流量很大，但是含尘量或含酸性气体相对较少。

烟气余热采集过程中，管路、阀件、换热设备、风机等易被尘粒堵塞或磨损，且烟气温度一旦降低至酸露点以下时极易发生酸腐蚀。烟气中 SO_3、硫酸蒸汽含量越多，酸露点越高[129]，越容易发生酸腐蚀现象。由于烟气体积流量大，烟气余热采集的设备体量往往很大，在实际工程应用中容易受到安装空间的限制而导致烟气余热无法回收。

因此，烟气（或空气）的余热采集过程必须解决防堵、防磨损、防腐蚀及减小设备体量等问题。

5.2.2　蒸汽

一些工业部门存在富余蒸汽，蒸汽品位高，且不含杂质、酸性气体，净化度较高，因此采集难度不大。但是工厂内的蒸汽产量往往很不稳定，伴随产品产量的波动，蒸汽的热量、品位均有可能发生变化。另外在实际工程中，蒸汽在采集和输送沿途由于温度的降低、压力的减小容易发生凝结而导致显著的热量及品位损失。

因此，蒸汽的余热采集过程应尽量就近采集、适当提高蒸汽流速，并注意蒸汽品位的梯级利用，从而充分利用其热量和品位。

5.2.3 水

工业生产，特别是高能耗工业部门的生产工艺中，往往存在大量的冷却循环水。虽然冷却循环水热量巨大，但其品位与热网的回水温度相当甚至更低，一般需要提升品位后才能用于供暖系统。另外，冷却循环水通常用于生产装置（如冶炼炉、常减压装置等）或产品（如煤气、熔渣等）的冷却，水质难以保证。例如，冲渣水含氯根离子、含尘颗粒、絮状物等，余热采集设备、管路等容易发生堵塞、磨损、腐蚀等现象；再比如，洗涤水根据洗涤对象的不同可能并非呈中性，SO_2 洗涤水中由于吸收了 SO_2 及 SO_3 后呈酸性[104]，同时也含有烟气中的尘粒与杂质等。

因此，水的余热采集过程必须解决防堵、防磨损、防腐蚀及提升余热品位等问题。

5.2.4 固体产品

固体产品的品位高，例如阳极铜从浇铸机上取下时仍有 300～400℃，热轧钢温度高达 800℃，熔渣温度更是高于 1000℃。利用缓冷方式可以在较高品位下回收固体产品的热量。但在实际生产过程中出于对产品产量与质量的综合考虑，通常对固体产品采用速冷方式进行冷却。例如利用冷床快速水冷热轧钢，利用冷却池快速冷却阳极铜，目的都是尽量不因冷却速度的制约而影响产量；再例如利用水淬法（冲渣水）快速冷却熔渣，是因为考虑到水淬产物可以作为水泥熟料替代物。但是速冷方式大大牺牲了固体产品余热的品位。

因此，固体产品的余热采集过程必须解决充分利用余热高品位的同时，保证产品质量和产量的问题。

5.2.5 酸/油

酸类和油类具有特殊的物化性质，例如浓酸的强氧化性、油类的强黏滞性等。

因此，酸类和油类的余热采集必须解决氧化性、黏滞性等问题。工业生产中一般有专门的设备用于酸类和油类的冷却，例如牺牲阴极的阳极保护器等。

5.2.6 壁面/辐射

工业生产中常见的冶炼炉壁面在连续生产中可视为辐射放热。辐射余热具有放热过程各向同性的特点，向四周低温环境散热；此外放热的过程近似等温且温度往往较高。

辐射余热采集过程中，热量易四散而导致回收率不高，等温特性放热易导致不匹配损失（炽耗散）而降低了余热品位。

因此，辐射余热的采集过程必须解决减少热量损失和减少品位损失的问题。

5.2.7 中间环节/末端环节

如第 5.1.3 节所述，中间环节的余热热源的介质温度受到严格控制，或不可高于温度上限，或不可低于温度下限，或两者兼而有之。末端环节的余热热源的介质温度不会影响生产工艺，不需要严格控制，但需要考虑设备的运行寿命。例如底滤池中的冲渣水温度对冶炼工艺本身并无影响，但渣水温度过高不仅会缩短滤池滤料的寿命，还会增加出渣口的

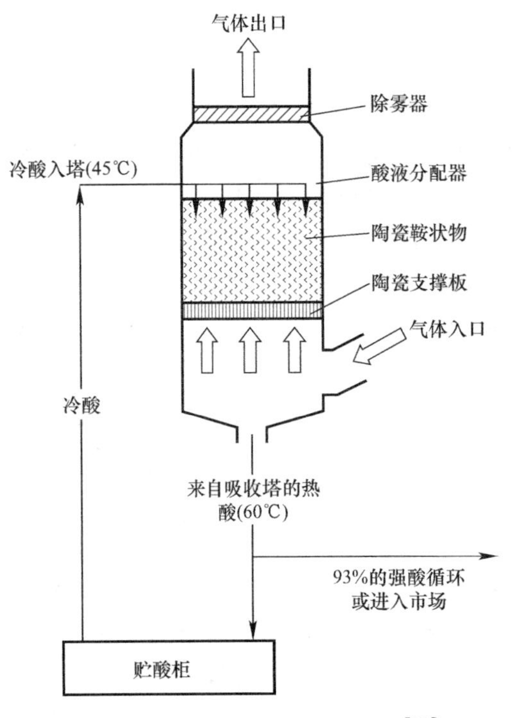

图 5-3　干燥塔酸循环和冷却设备[104]

闪蒸蒸汽量，对于没有回收蒸汽热量的系统余热回收率将显著降低。再如烧结机烟气温度过低时会导致酸腐蚀。值得注意的是，有些环节表面看来热源介质的温度高低不会影响产品质量，因此温度高低并不需要严格控制，但实际上会对下一个环节的能耗产生重大影响。例如连铸过程结束后的钢坯温度高达 600℃，当钢坯数量达到批次规模时送往轧钢环节，采用热轧工艺时，一般需要加热炉将钢坯加热至 1000℃ 以上[130]，此时节能的方向并非利用钢坯余热，而是应设法对钢坯保温，减少热轧环节的加热量。干燥塔酸循环和冷却设备如图 5-3 所示。

因此，中间环节余热的采集过程中必须严格满足工艺要求，而末端环节余热的采集过程中必须综合考虑品位、热量与运行的经济性。

根据上述分析，将各类别低品位工业余热采集过程的特点、问题与解决方向总结归纳如表 5-2 所示。

各类别低品位工业余热采集过程的特点、问题与解决方向　　表 5-2

类别	特点	问题	解决方向
烟气/空气	含尘，含酸性气体，体积流量大	易堵，易磨损，易腐蚀，设备体量大	防堵，防磨损，防腐，提高传热系数
蒸汽	品位高，不稳定	采集、输送过程品位损失严重	就近采集，梯级利用
水	水质不保证（含尘、非中性等），品位低	易堵，易磨损，易腐蚀，换热难采集	防堵，防磨损，防腐，提升品位
固体产品	品位高，产品质量和产量要求高	缓冷影响产量、质量，速冷牺牲品位	利用高品位，保证产品的质量与产量
酸/油	物化性质特殊	氧化性、黏滞性等	防氧化，抗黏滞
壁面/辐射	各向同性、品位高、等温特性	热量四散、不匹配损失	减少热量损失，减少炽耗散
中间/末端环节	介质温度要求，设备性能要求	中间环节上下限，末端环节各设备	中间环节严格按照工艺要求控制温度，末端环节权衡品位、热量与经济性

任意的实际余热都可以对应至一种或几种分类，根据其所在分类的特点，可以快速了解、推理该余热在采集过程中需要注意的问题与具体解决方向。

以冶炼行业常见的冲渣水为例。如前所述，冲渣水可以对应至水、蒸汽、末端环节等分类，因此采集冲渣水余热时就要重点解决防堵、防磨损、防腐、充分利用其热量和品位等问题。

5.3　低品位工业余热采集过程中的共性突出问题与技术难点

对上述各类低品位工业余热采集过程中的问题进行归纳和总结，不难发现其中的两类共性突出问题，包括：

（1）腐蚀性、磨损性和堵塞性；

（2）余热采集过程的损失，包含热量损失和品位损失。

在解决这两类问题时，采集技术的改善面临多项技术难点。

5.3.1　共性问题1：腐蚀性、磨损性和堵塞性

在解决腐蚀性、磨损性和堵塞性的问题时，需要改善防腐、防磨损和防堵塞的技术，难点包括：

（1）换热设备材料选择；

（2）换热表面加工处理；

（3）换热设备流道结构优化；

（4）过滤方式设计及过滤装置选择；

（5）取热系统管路布置优化；

（6）非接触式取热技术开发。

特别指出的是接触式换热技术的发展虽然已经很大程度上克服了渣水取热过程中的突出难题，显著改善了渣水利用的条件，但由于本质上渣水仍需要通过接触换热的方式将热量传递给热网水，因而不能完全避免堵塞、结垢、腐蚀的问题。此外，目前接触式换热的技术均无法有效利用闪蒸蒸汽的余热，余热利用整体效率偏低，余热利用的品位偏低。为了根本解决渣水换热堵塞、结垢、腐蚀的问题，为了能够提高渣水余热利用率，近年来有研究指出采取非接触式换热的方法进行取热。

非接触式换热技术基本原理如图5-4所示。

两个罐体由管道及安装在管道上的增压设备连接在一起。其中一个罐体（蒸发器）由真空泵保证一定的负压。高温渣水进入蒸发器后，在负压环境下汽化，高温蒸汽带走渣水中的大量热量经增压设备增压后进入冷凝器；渣水冷却后进入蒸发器底部，返回冲渣。高温蒸汽进入冷凝器后，将热量传递给从冷凝器顶部流入的热网水，热网水在冷凝器排管内升温后从冷凝器底部流出供热。由于汽化与冷凝的过程均近似为等温过程，为了减少等温过程换热的品位损失，实际应用中可以考虑将上述换热单元逐级串联，减小换热温差。

5.3.2　共性问题2：热量损失和品位损失

在解决热量损失的问题时，技术难点包括：

（1）在顾全工厂生产工艺及设备空间的条件下，改善取热系统与装置的密闭性和保温性；

（2）对于存在闪蒸蒸汽放散的环节，应设法予以利用。

在解决品位损失的问题时，技术难点包括：

（1）对于等温特性余热，改善品位不匹配造成的损失（例如梯级取热）；

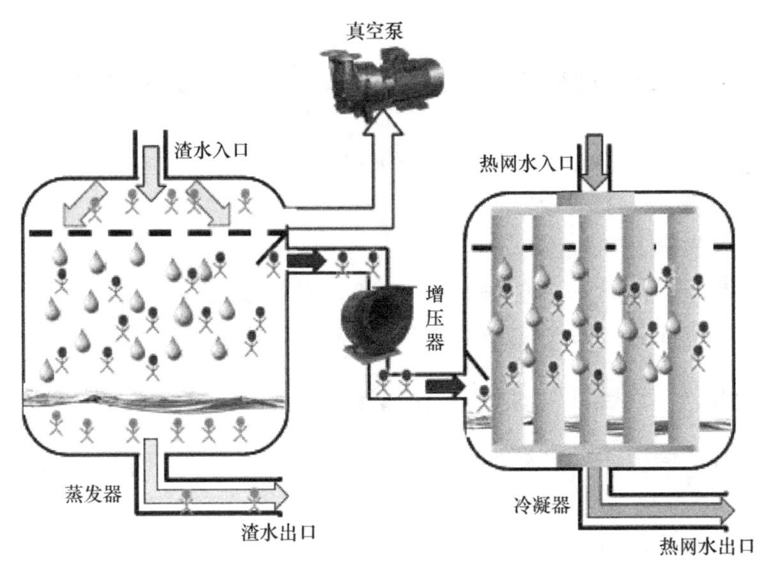

图 5-4　非接触式换热技术基本原理

（2）对于固体产品余热，同时满足在高品位下采集余热、余热采集经济性、保证产品质量等多方面要求；

（3）对于末端环节的余热，衡量在何种品位下采集余热与采集经济性、运行经济性（主要体现在冷却设备投资、寿命）之间的利弊。

5.4　典型低品位工业余热采集方法与技术应用案例

5.4.1　一种利用多级热管锅炉的烟气余热采集系统

图 5-5 所示为一种利用多级热管锅炉的烟气余热采集系统。该系统的主体换热设备为一组（图中所示为三台）串联连接的热管换热器（热管锅炉），可用于回收烟气余热。

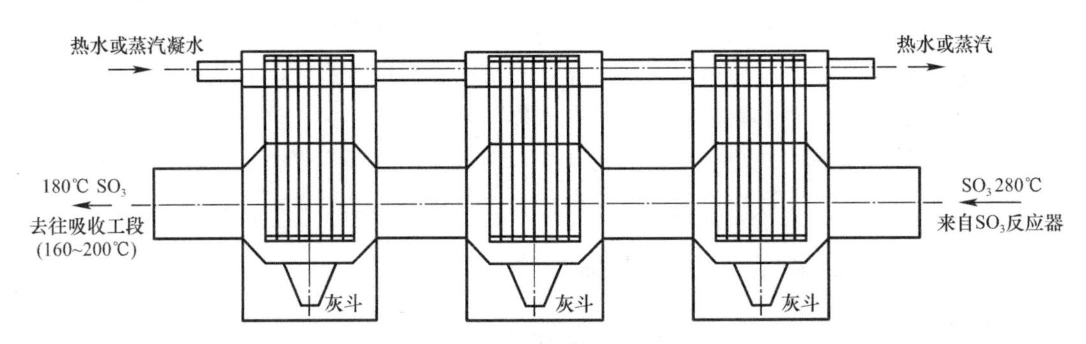

图 5-5　一种利用多级热管锅炉的烟气余热采集系统

例如，制硫酸过程中从 SO_3 反应器（SO_3 转换器）流出的 SO_3 气体先逆流换热对进入反应器的 SO_2 烟气进行预热，降温后的气体仍约有 280℃，生产工艺要求进入吸收工段时的 SO_3 气体温度应为 160～200℃，原工艺通过风冷方式对 SO_3 气体进行冷却。

在该余热采集系统中，SO_3 气体依次进入第一级、第二级和第三级热管锅炉（即高温热管锅炉、中温热管锅炉和低温热管锅炉）的蒸发器，逐级降温后最终出口温度为180℃，满足生产工艺要求；热管锅炉冷凝器侧通入热水或蒸汽凝水，依次进入第三级、第二级和第一级热管锅炉，逐级升温升压后最终产出高温热水或蒸汽。

该余热采集系统的主要特点是：

（1）采用相变传热的技术，大大增加了传热系数，可以大幅度减小设备体量；

（2）采取多级换热，解决相变传热等温特性带来的换热不匹配损失，充分利用余热的高品位；

（3）严格控制 SO_3 气体的出口温度，不影响原有生产工艺；

（4）采用光管防磨损，管材选用防腐材料，热管的蒸发器装有清灰器，底部设灰斗，可以防堵塞；

（5）每支热管均独立传热，即使破损也不影响其他热管的传热。

5.4.2　一种采用非接触式换热的冲渣水余热梯级取热系统

图5-6所示为一种采用非接触式换热的冲渣水余热梯级取热系统。在出渣口和冲渣槽建有若干个高烟囱（高度大于10m），烟囱顶部维持一定的真空度，烟囱底部附近设有排

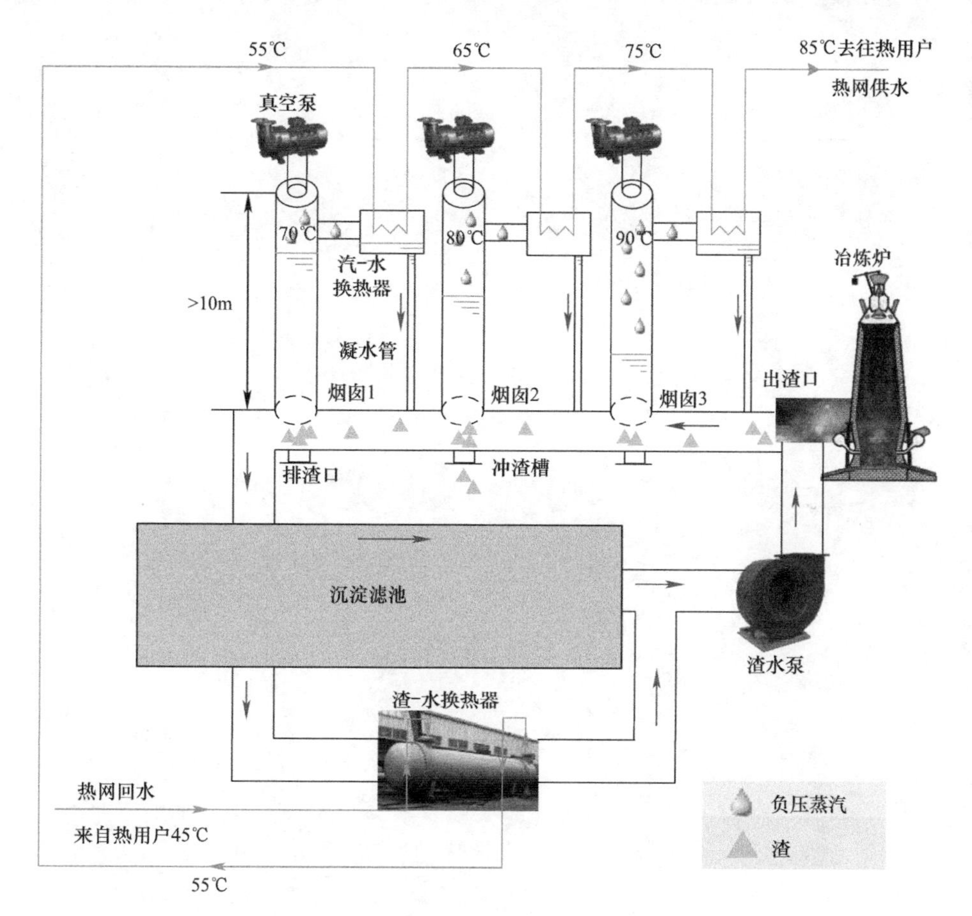

图5-6　一种采用非接触式换热的冲渣水余热梯级取热系统

渣口。顺渣水流动方向真空度逐渐增大，对应沸点降低。渣水沿途闪蒸，蒸汽在汽-水换热器内加热热网水，凝水经凝水管流入渣槽。滤池内的渣水在渣水-水换热器内加热热网水，再经渣水泵提升至出渣口循环冲渣。热网水则经渣水-水换热器、多级汽-水换热器逐级加热升温后供出。

该余热采集系统的主要特点是：

（1）充分利用闪蒸蒸汽余热，蒸汽与渣水梯级加热热网水，尽可能利用了冲渣水的品位；

（2）采用非接触式换热技术与方法，沿途闪蒸，最大程度避免了堵塞、腐蚀和磨损的问题；

（3）渣水-水换热器采用碳钢防腐，采用螺旋扁管[130]，并安装过滤装置及反冲洗装置，防堵防磨损。

第 6 章

余热整合与输配

采用合适的技术、设备可以对单个余热进行采集，而多个余热之间存在相互配合的可能：通过不同的串、并联组合，再由余热采集设备加以整合，可以演化出多种多样的取热流程，对应多种换热网络的拓扑结构。不同的取热流程或换热网络拓扑结构会得到不同的余热取热量和供水温度，有些热量和供水温度参数可以满足供暖过程输配及末端传热的需要，有些则不能满足。针对实际供暖需要，必须寻找通用的余热整合设计原则和方法，使得取热后的热网水能够在热量和供水温度两方面同时满足输配及末端传热的要求。

本章从减少余热整合输配过程的炽耗散角度出发，指出了余热整合、输配的实质与目标，并定量分析了夹点优化法、弃热、热泵等方法与技术在余热整合过程中所起的作用和适用的条件；还指出了降低热网一次侧回水温度的重要性并归纳了几种降低回水温度的技术，运用炽分析法讨论了这些技术在减少输配过程炽耗散中所起的作用，从而构建出可以用于指导低品位工业余热供暖系统设计与优化的方法体系。

6.1　余热整合问题的实质与目标

6.1.1　整合的实质

实际工程中的低品位工业余热的整合过程，是在已经确定了单个余热热源的采集方式，并且已知一次侧回水温度（取热水的起点温度）后，对多个热源取热流程或取热网络拓扑结构的设计与优化过程。

结合第 2 章的分析，整合的实质可表述为：在采集技术已经确定等情况下，当输配过程存在较多炽耗散 ΔJ_2 时，需要通过一定的方法与技术减少整合过程中的炽耗散，包括流量不完善导致的炽耗散 $\Delta J_{流量}$ 以及热源不完善导致的炽耗散 $\Delta J_{热源}$。

6.1.2　减少炽耗散与提高供水温度的等价性

对于待整合的余热热源的热量与品位全部确定，即已经确定了余热热源输入炽的整合过程，若不存在外部输入炽，可以证明减少整合过程的炽耗散与提高整个取热流程的供水温度是等价的。证明过程如下：

整个余热整合系统的输入炽可表达为：

$$J_{in}=\sum_{i=1}^{n}\left(\frac{1}{2}M_i c_i T_{i2}^2-\frac{1}{2}Mc_i T_{i1}^2\right)$$

$$=\sum_{i=1}^{n}\frac{1}{2}M_ic_i(T_{i2}^2-T_{i1}^2)=\sum_{i=1}^{n}\frac{1}{2}Q_i(T_{i1}+T_{i2})=\sum_{i=1}^{n}Q_i\frac{T_{i1}+T_{i2}}{2} \tag{6-1}$$

式中，M_ic_i 为热源 i 的热容，T_{i1} 和 T_{i2} 分别为热源 i 的已经考虑采集温差后的起点温度和终点温度，Q_i 为热源 i 的热量。

忽略热传递过程的热量损失，整个余热整合系统的输出烬（或取热热网水获得的烬）可表达为：

$$J_{\text{out}}=\frac{1}{2}M_0c_0T_{\text{g}}^2-\frac{1}{2}M_0c_0T_{\text{h}}^2=\frac{1}{2}M_0c_0(T_{\text{g}}^2-T_{\text{h}}^2)$$
$$=\sum_{i=1}^{n}Q_i\frac{T_{\text{g}}+T_{\text{h}}}{2} \tag{6-2}$$

式中，M_0c_0 为取热热网水的热容，T_{g} 和 T_{h} 分别为热网水的回水和供水温度。

整个余热整合系统的烬耗散可表达为：

$$\Delta J=J_{\text{in}}-J_{\text{out}}=\sum_{i=1}^{n}Q_i\frac{T_{i1}+T_{i2}}{2}-\sum_{i=1}^{n}Q_i\frac{T_{\text{g}}+T_{\text{h}}}{2} \tag{6-3}$$

由于所有余热热源的热量及温度都已确定，热网水的回水一旦确定后，显然存在下列等价关系：

$$\text{Min}\Delta J\Leftrightarrow\text{Max}T_{\text{g}} \tag{6-4}$$

即烬耗散的最小化等价于供水温度的最大化，亦即减少烬耗散与提高供水温度是等价的。

6.1.3 整合的目标

根据上述最小化烬耗散与最大化供水温度的等价性证明，整合的目标可概述为：给定取热热网水的回水温度时，设计合理的取热流程，构建优化的换热网络拓扑结构，从而提高供水温度。

为了实现整合的目标，可以采用夹点优化法、合理弃热、吸收式热泵与电热泵等方法与技术手段，下文将说明各类方法与技术所起的作用与使用场合或适用条件。

6.2 夹点优化法

夹点优化法是一种仅采用换热技术与设备时的满足整合目标的余热整合方法，可用于减少流量不完善导致的烬耗散 $\Delta J_{\text{流量}}$。用于余热整合的夹点优化法[131]主要分为两个核心步骤：热复合曲线的合成与夹点的确定。

6.2.1 热复合曲线的合成

夹点优化法的第一步是合成热复合曲线，如图 6-1 所示。

首先，在 T-Q 图上，将所有热源按照起点温度由低至高依次排列。

然后，将具有相同温度区间段的热源合并为一个复合热源，复合热源的热量与重合温度区间内两个热源热量之和相等。如图 6-1 中热源 a 与 b 在 50～60℃的温度区间内重合，将其合并为一个新的复合热源“a_2+b_1”。可以证明，这样的合成方式并不会改变输入烬的大小，证明过程如下：

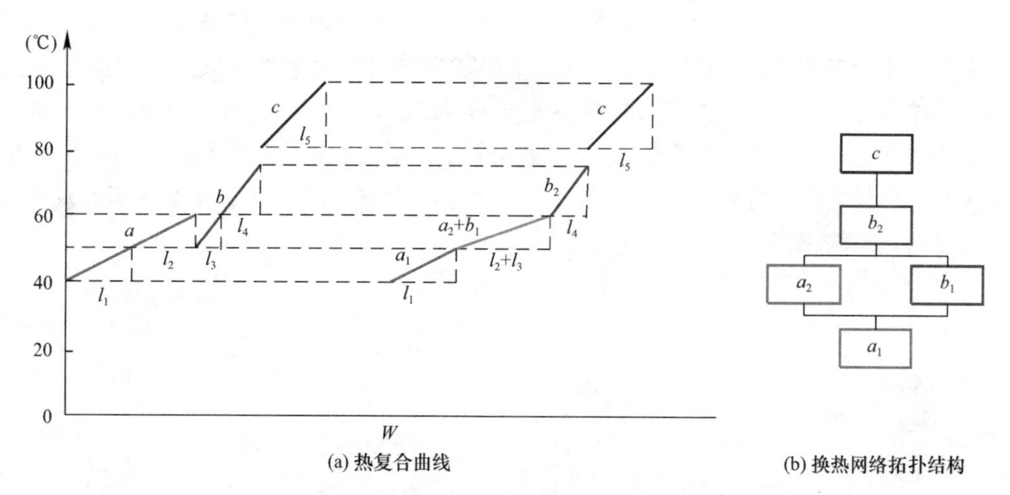

(a) 热复合曲线　　(b) 换热网络拓扑结构

图 6-1　夹点优化法：热复合曲线的合成

对 m 个具有相同温度区间 $[T_A,T_B]$ 的热源进行合成，合成前后计算该温度区间的输入烟。合成前的输入烟为：

$$\begin{aligned} J_{\text{in,be}}^{T_A\sim T_B} &= \sum_{i=1}^{m}\left(\frac{1}{2}M_i c_i T_B^2 - \frac{1}{2}M_i c_i T_A^2\right) = \sum_{i=1}^{m}\frac{1}{2}M_i c_i (T_B^2 - T_A^2) \\ &= \sum_{i=1}^{m}\frac{1}{2}Q_i^{T_A\sim T_B}(T_A + T_B) = \sum_{i=1}^{m}Q_i^{T_A\sim T_B}\frac{T_A+T_B}{2} \end{aligned} \tag{6-5}$$

按照温度区间合成后的输入烟为：

$$\begin{aligned} J_{\text{in,af}}^{T_A\sim T_B} &= \frac{1}{2}(M_c)_{\text{total}}T_B^2 - \frac{1}{2}(M_c)_{\text{total}}T_A^2 = \frac{1}{2}(M_c)_{\text{total}}(T_B^2 - T_A^2) \\ &= A_{\text{total}}^{T_A\sim T_B}\frac{(T_A+T_B)}{2} = \sum_{i=1}^{m}Q_i^{T_A\sim T_B}\frac{(T_A+T_B)}{2} \end{aligned} \tag{6-6}$$

比较式（6-5）与式（6-6），可以发现输入烟在合成前后没有变化，即：

$$J_{\text{in,be}}^{T_A\sim T_B} = J_{\text{in,af}}^{T_A\sim T_B} \tag{6-7}$$

按照上述方式合成热复合曲线后，所有热源形成一个按照温度高低依次排列的热源序列，对应着换热网络的串并联拓扑结构：依次相连的不同热源对应着串联关系，而具有相同温度区间的合并热源对应着原热源的并联关系，如图 6-1（b）所示。图中的换热网络拓扑结构（或取热流程）正对应着图 6-1（a）右侧合成后的热复合曲线。

6.2.2　夹点确定

在 T-Q 图中，取热热网水线为一端固定、可旋转的线段。固定的端点表示确定的取热热网水回水温度，斜率倒数对应热网水的热容，逆时针旋转代表热容减小，顺时针旋转代表热容增大。只存在换热的情况下，取热热网水线始终处于热复合曲线的下方，永远不会高于热复合曲线。

如图 6-2（a）所示，旋转热网水线直至其恰好与热复合曲线相切，即产生了夹点，此时得到了仅存在换热情况下的最高供水温度。结合第 2 章对采集整合烟耗散划分的方法，夹点优化法的实质作用是减少流量不完善导致的炽耗散 $\Delta J_{流量}$。图 6-2（b）为考虑了采集温差后的情形，采集温差的增大将导致夹点向正下方偏移，供水温度降低。图 6-2（c）为采用夹点优化法后的取热流程，热源 a 与 b 均在两个串联的换热器（低温冷却器与高温冷却器）内被冷却。热网回水先进入热源 a 的低温冷却器，换热后分为两股分别进入热源 a 的高温冷却器与热源 b 的低温冷却器，两股热网水的流量之比等于热源 a 与热源 b 在重合温度区间的热量之比。分别换热后合为一股热网水依次进入热源 b 的高温冷却器及热源 c 的冷却器内，最终供出。

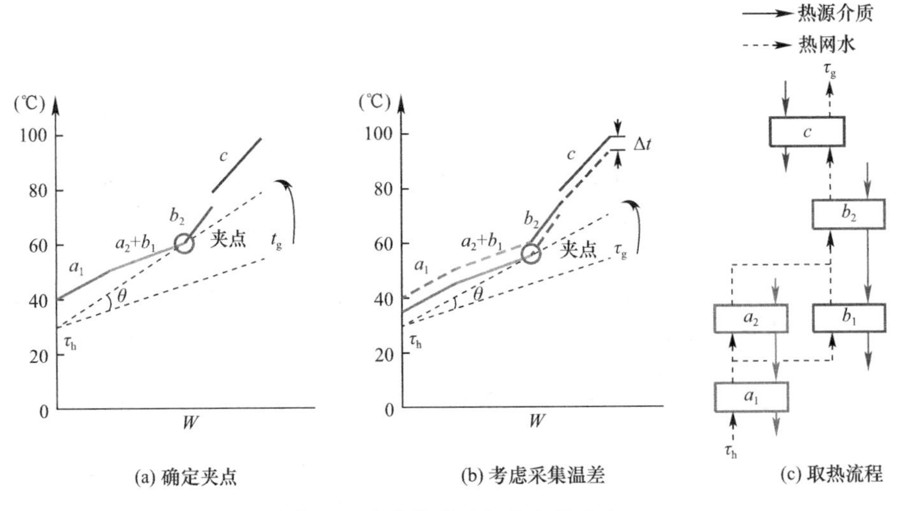

图 6-2　夹点优化法：夹点的确定

6.3　夹点优化法的不足与热源不完善度的改善

6.3.1　热源不完善对最高供水温度的制约

采用夹点优化法可以减少由于流量不匹配导致的炽耗散 $\Delta J_{流量}$，从而提高供水温度。但很多情况下，由于中低温的余热热源热容过大，导致应用夹点优化法时夹点过早地出现，使得供水温度受到制约无法提高，热源不完善对供水温度的制约如图 6-3 所示。图 6-3（a）中低温热源 a 的热容过大，从 T-Q 图上看热源 a 的斜率很小，热网水线与热源 a 的终点相切产生夹点；图 6-3（b）中，中温热源 b 的热容过大，热网水线与热源 b 的终点相切产生夹点。无论是何种情况，由于过早出现了夹点，都导致 $\Delta J_{热源}$ 过大，供水温度难以提高。

究其原因，是由于热源之间热容不匹配（热源的不完善）造成的。因此进一步提高供水温度，减少 $\Delta J_{热源}$ 的核心是要匹配热源之间的热容，减小过大的热容。

从 T-Q 图上可以直观地找出两条减小热容的解决途径：“拆分”和“旋转”。所谓“拆分”，就是将过大热容的热源分成两个较小热容的热源，其中一个热源的热量被整合回收，另一个热源的热量仍由工厂原有的冷却设备排走，实质对应了“弃热”的整合方法。所谓“旋转”，就是过大热容的热源在 T-Q 图中逆时针旋转一定的角度，实质对应了“热泵”的整合技术。上述技术和方法将在下文进行详细讨论与说明。

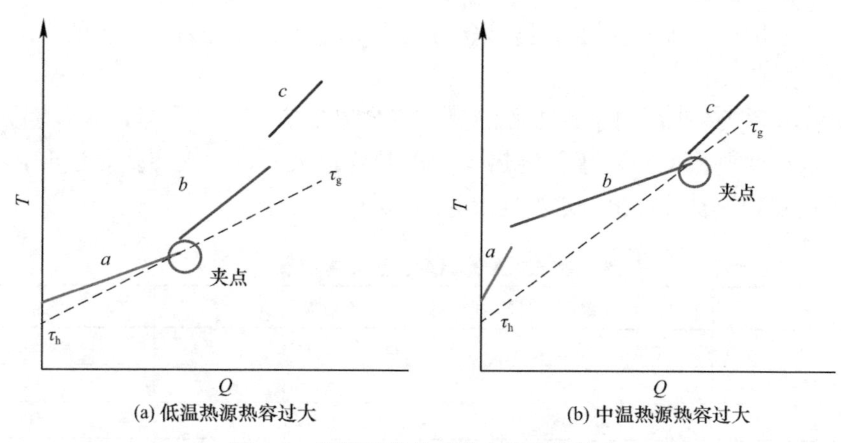

图 6-3 热源不完善对供水温度的制约

6.3.2 热源不完善度的改善方法 1：合理“弃热”

如图 6-4 所示，虚线所示的热网水与考虑了采集温差后的热源相切产生夹点。根据第 2 章给出的定义，热网水线与热源线之间阴影的面积即为由于热源不完善导致的炽耗散 $\Delta J_{热源}$。其中图 6-4（a）与图 6-4（b）分别为低温热源热容过大和中温热源热容过大的情形。

从图中可以直观看出，通过减少热容过大的余热热源的回收量，即所谓“弃热”，可以显著减少热源不完善导致的炽耗散 $\Delta J_{热源}$。

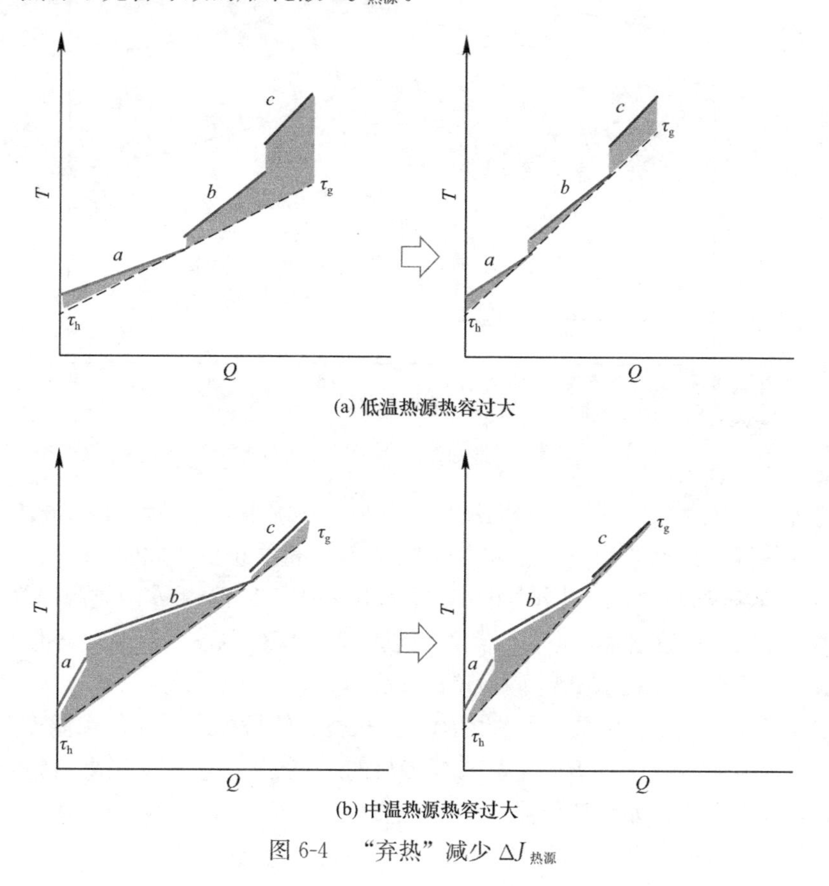

图 6-4 “弃热”减少 $\Delta J_{热源}$

通过以下案例可以从定量的角度认识“弃热”对于热源不完善度改善的作用。

“弃热”案例：

表 6-1 所示为某一工厂内余热热源的温度、热流量信息（已经考虑采集温差），取热网水的回水温度为 25℃。由于低温热源 a 的热容过大，运用夹点优化法时，夹点产生于热源 a 的终点，容易计算出供水温度仅为 58.8℃。

余热热源的温度、热流量信息 **表 6-1**

余热热源	起点温度（℃）	终点温度（℃）	热流量（kW）
a	30	40	2000
b	45	60	1500
c	70	85	1000

保持热源 b 和热源 c 的回收热量不变，只减少热源 a 的回收率，计算并比较 $\Delta J_{热源}$、ΔJ_2、ΔJ_z 和供水温度指标。

逐渐减小低温热源 a 的回收率，各指标变化规律如图 6-5 所示。

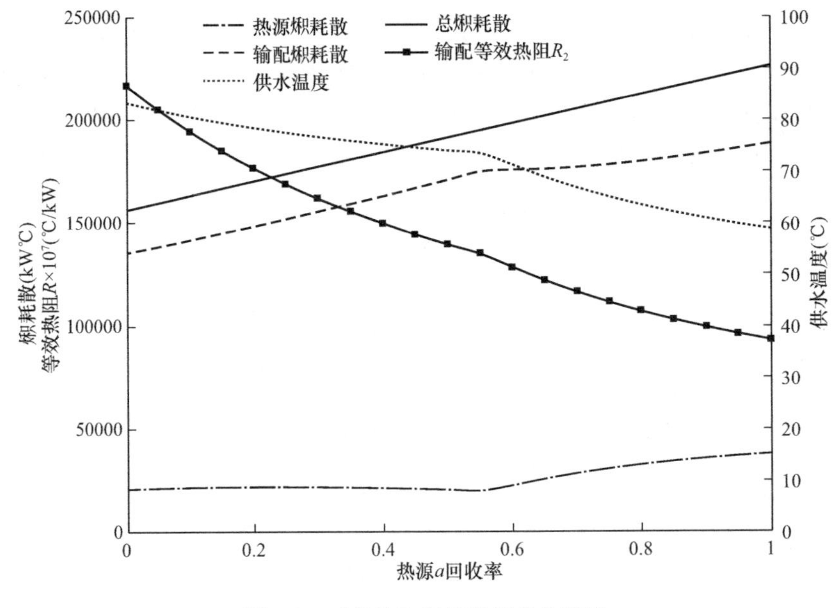

图 6-5 “弃热”案例指标变化规律

随着热源 a 回收率的减小，供水温度单调升高。热源不完善导致的炽耗散 $\Delta J_{热源}$ 先减小后增大，当热源 a 的回收率减小至 0.55 时 $\Delta J_{热源}$ 取得最小值，此时对应在 T-Q 图上热网水线与热源 a 与热源 b 的终点同时相切，即夹点同时产生于 a、b 两热源的终点。

虽然 $\Delta J_{热源}$ 先减小后增大，但由于热源热量的减小使得总输入炽 ΔJ_z 不断减少，最终用于输配及末端传热的炽耗散 ΔJ_2 同样单调减少。

回到本章开头对于整合实质与目标的阐述。从整合的目标来看，供水温度升高是有利的；但从整合的实质来说，用于输配及末端传热的炽耗散 ΔJ_2 减少似乎与整合的实质相悖。其中是否存在矛盾，如何解释呢？

由于在“弃热”的过程中，除炽耗散以外，传递的热量也同时发生了变化，故可以从等效热阻[75]的角度解释上述佯谬。等效热阻的定义式为：

$$R = \Delta J / Q^2 \tag{6-8}$$

等效热阻越大，可以认为传递相同热量时的炽耗散越大，对于传热是有利的条件；反之亦然。从图 6-5 可以看出，用于输配与末端传热的等效热阻 R_2 随着热源 a 回收率的减小而单调增大，意味着有利于输配及末端传热过程的实现。

总之，“弃热”可以减少热源不完善导致的 $\Delta J_{热源}$，但同时减少了热源的总输入炽 ΔJ_z，使得输配及末端传热的炽耗散 ΔJ_2 减少；但是输配及末端传热的等效热阻 R_2 增加，有利于输配及末端传热过程的实现。“弃热”的过程，实质是以牺牲热量 Q 的方式减小热源不完善度，从而提高了供水温度 τ_g，最终使得热量与供水温度的组合（Q，τ_g）满足供暖的需要。当然，由于“弃热”减少了余热热量的回收率，因此在实际应用中也会受到一定的限制。

6.3.3　热源不完善度的改善方法 2：吸收式热泵

如图 6-6 所示，由于过早出现夹点，整合过程存在较大的热源炽耗散（阴影部分所示）。根据热力学第二定律开尔文表述[133]，可以在余热热源和取热热网水这两个不同温度的热源之间构建热机，使得高温热源（热源）向低温热源（热汇）传递的热量部分转化为有用功（㶲）。与第 2 章中对于正炽（ΔJ^+）和负炽（ΔJ^-）的定义相类似，把余热热源

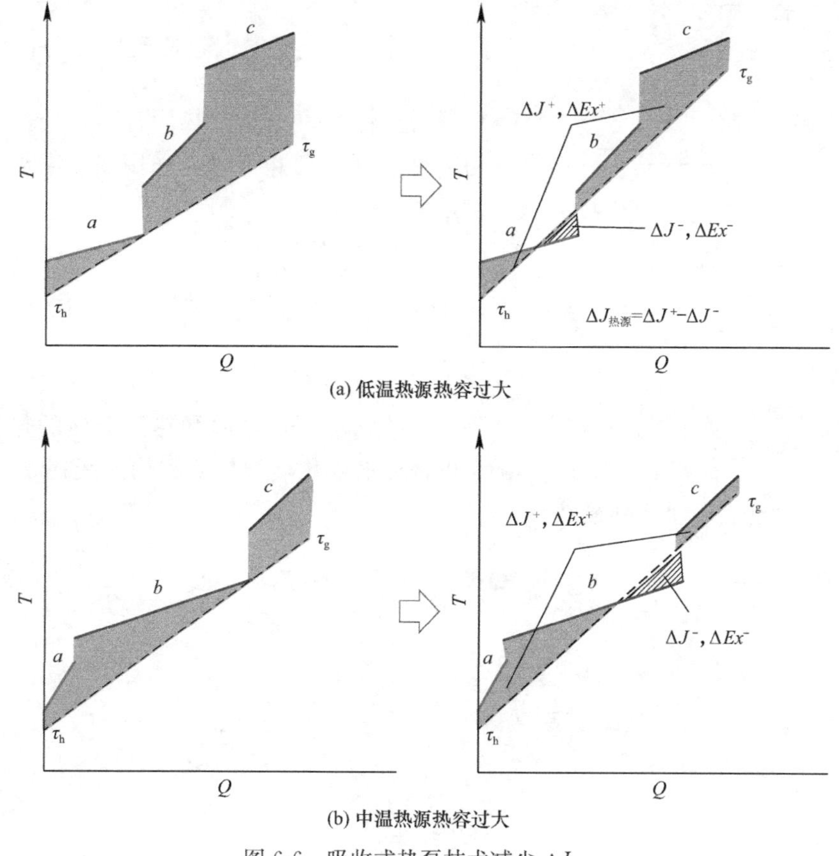

图 6-6　吸收式热泵技术减少 $\Delta J_{热源}$

高于热网水的部分对应的㶲定义为正㶲（ΔEx^{+}），即余热热源在向热网水传热时对外做功；把热网水高于余热热源的部分对应的㶲定义为负㶲（ΔEx^{-}），利用有用功（ΔEx^{+}）使得热量从较低温的余热热源传递至较高温的热网水。

在 T-Q 图中，余热热源线与取热热网水线之间的阴影面积可以表示煅耗散的大小，但不能定量表示两者之间㶲的大小。在低品位工业余热供暖问题研究的温度范围内，煅耗散和㶲两者之间的转化关系可以近似简化为：

$$\Delta E_{x}=\frac{\Delta J}{\overline{T_{Y}}} \tag{6-9}$$

式中，$\overline{T_{Y}}$ 为计算的煅（或㶲）对应的高温热源的平均热力学温度（K）。

推导过程如下：

如图 6-7 所示，将热源至热汇的传热量 Q 划分为无数个微元热量 dQ，每一个微元热量 dQ 都在不同的热源及热汇温度下进行传递，从而可以计算出对应的㶲：

$$\mathrm{d}\Delta Ex=\left(1-\frac{T_{H}}{T_{Y}}\right)\cdot \mathrm{d}Q \tag{6-10}$$

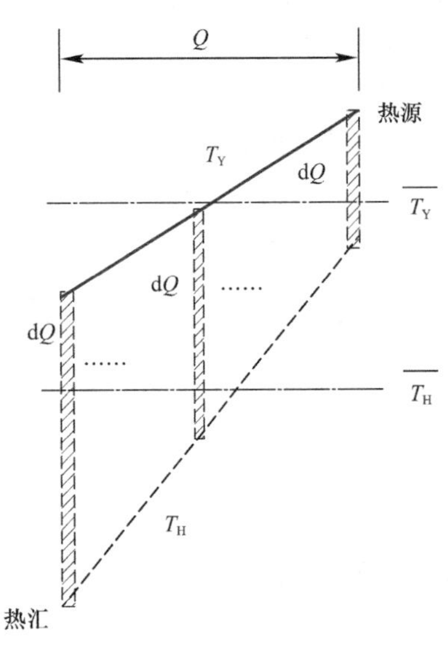

图 6-7 “微元”法推导煅与㶲的简化关系

式中，T_{Y} 和 T_{H} 分别为微元热量 dQ 对应的热源及热汇的热力学温度；

对热量 Q 进行积分，可以求出整个热传递过程中包含的㶲：

$$\Delta E_{x}=\int_{Q}\mathrm{d}\Delta E_{x}=\int_{Q}\frac{T_{Y}-T_{H}}{T_{Y}}\cdot \mathrm{d}Q \tag{6-11}$$

一般对于低品位工业余热而言，单个热源的起点温度与终点温度差别并不大，采用热力学温标时，上式可以近似简化为：

$$\Delta E_{x}\approx\int_{Q}\frac{T_{Y}-T_{H}}{\overline{T_{Y}}}\cdot \mathrm{d}Q=\frac{1}{\overline{T_{Y}}}\cdot\int_{Q}(T_{Y}-T_{H})\cdot \mathrm{d}Q \tag{6-12}$$

式中，$\overline{T_{Y}}$ 为热源在热量 Q 上的平均热力学温度。

绝大多数情况下，热源和热汇介质的热容可认为不随温度改变而变化，即热源和热汇线在 T-Q 图中为直线段，因此上式可以进一步简化为：

$$\Delta E_{x}\approx\frac{1}{\overline{T_{Y}}}\cdot\int_{Q}(T_{Y}-T_{H})\cdot \mathrm{d}Q=\frac{1}{\overline{T_{Y}}}\cdot\int_{Q}(\overline{T_{Y}}-\overline{T_{H}})\cdot \mathrm{d}Q=\frac{\overline{T_{Y}}-\overline{T_{H}}}{\overline{T_{Y}}}\cdot Q \tag{6-13}$$

其中，

$$\frac{1}{2}(\overline{T_{Y}}-\overline{T_{H}})\cdot Q=\Delta J \tag{6-14}$$

因此，

$$\Delta E_{x}\approx\frac{2\Delta J}{\overline{T_{Y}}} \tag{6-15}$$

证毕。

实际上，利用一部分余热热源的正㶲提取一部分余热热源的负㶲的过程对应着吸收式热泵的技术：当利用较高温度余热热源的正㶲提取较低温度余热热源的负㶲时，对应第一类吸收式热泵；当利用较低温度余热热源的正㶲提取较高温度余热热源的负㶲时，对应第二类吸收式热泵。

例如，图 6-6（a）利用高温热源 c 的正㶲提取低温热源 a 的负㶲的过程对应着图 6-8（a）所示的第一类吸收式热泵流程。图 6-6（b）利用部分较高温度段中温热源 b 的负㶲提取较低温度段中温热源 b 的正㶲的过程对应着图 6-8（b）所示的第二类吸收式热泵流程。图 6-8 为吸收式热泵流程简图，Ge、Co、Ab、Ev 分别代指吸收式热泵的发生器、冷凝器、吸收器和蒸发器。

图 6-8（a）中，热源 c 介质进入第一类吸收式热泵的发生器，热源 a 介质进入蒸发器，取热热网水依次进入吸收器和冷凝器。图 6-8（b）中，热源 b 介质依次进入蒸发器与发生器，取热热网水依次进入冷凝器和吸收器。

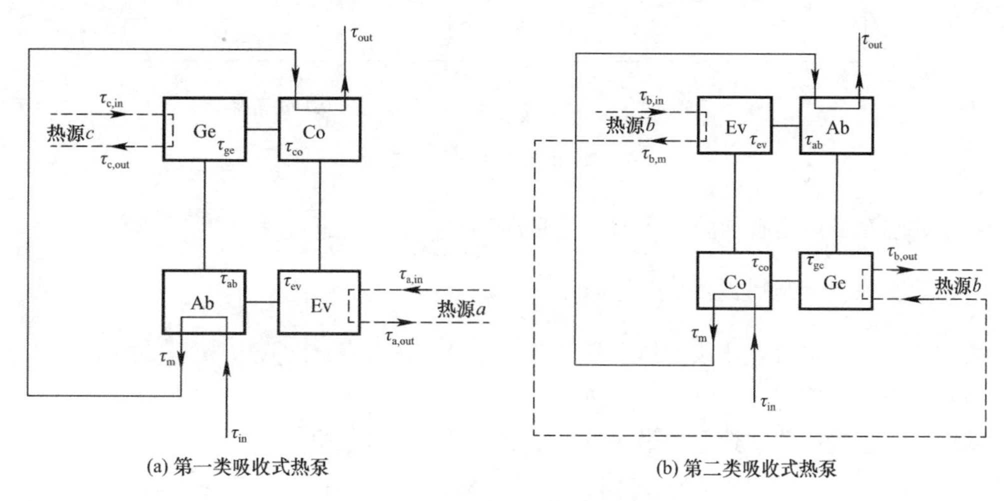

图 6-8　吸收式热泵流程简图

从图 6-6 所示的 T-Q 图上不难看出，无论是第一类还是第二类的吸收式热泵，都使得参与吸收式热泵流程的热容过大的热源发生了“旋转”[例如图 6-6（a）中部分低温热源 a 及图 6-6（b）中的热源 b]，从而使得余热热源在给定的回水温度下互相更为匹配，热源炽耗散 $\Delta J_{热源}$ 更小。

以上的分析中均未考虑吸收式热泵的采集不完善度。在实际应用中，常规的换热器为“余热热源/热网水”的一级换热过程，而吸收式热泵为“余热热源/溶液/热网水”的两级换热过程，即吸收式热泵比常规换热器的换热过程增加了一级换热，因此吸收式热泵的采集温差更大，由此造成的换热损失相应增加。

如图 6-9（a）所示，由于吸收式热泵采集温差增加，因此实际应用中可利用的正㶲减少（以图中热源 b、热源 c 与热网水之间的阴影定性表示），需要提升的负㶲增加（以图中部分热源 a 与热网水之间的斜线定性表示），无疑对于吸收式热泵的性能提出了更高的要求。

如图 6-9（b）所示，虽然相比于常规换热器，吸收式热泵的采集温差增大导致 $\Delta J_{采集}$ 增大（图 6-9 中下方两条热网水线之间的浅色阴影，两条热网水线中位置靠下的一条比位置靠上的一条增加了一级采集温差），但通过吸收式热泵改善热源不完善度而带来的 $\Delta J_{热源}$ 的减小更为显著，最终使得在采集与整合过程中两部分炽耗散之和（$\Delta J_{热源}+\Delta J_{采集}$）减小，于是在余热回收量不变的情况下增加了用于输配及末端传热的炽耗散 ΔJ_2，供水温度提高。

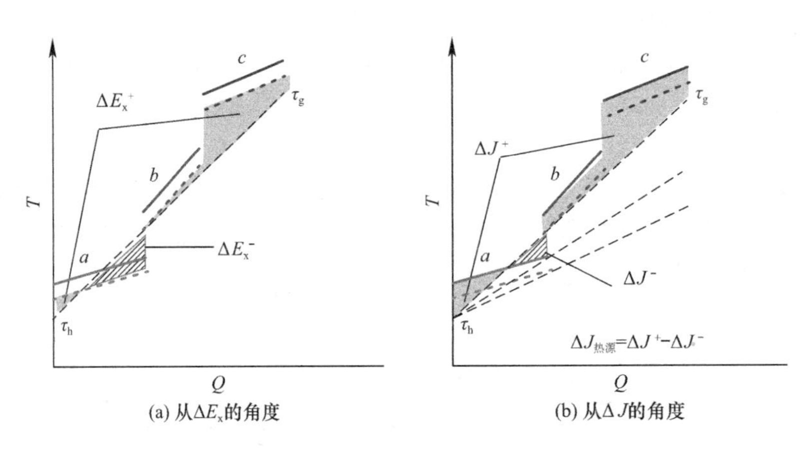

图 6-9　实际应用中的吸收式热泵

吸收式热泵的应用必须满足下列两个判别式：

（1）热力完善度判别式：$\frac{\Delta E_x^-}{\Delta E_x^+}\leqslant\varepsilon_{AHP}$；

式中，ε_{AHP} 为吸收式热泵的热力完善度，理论上热力完善度最大为 1，即 $\varepsilon_{AHP}\leqslant 1$。

（2）性能系数判别式：$COP_{AHP}\leqslant\theta_{AHP}$；

式中，θ_{AHP} 为吸收式热泵的最大性能系数，理论上单效第一类吸收式热泵的最大性能系数为 1，单效第二类吸收式热泵的最大性能系数为 0.5，即 $\theta_{AHP,I}\leqslant 1$，$\theta_{AHP,II}\leqslant 0.5$。

总之，吸收式热泵利用部分热源与热汇之间的正炯 ΔE_x^+ 提升另一部分热源与热汇之间的负炯 ΔE_x^-，最终在没有改变热源总输入炽 ΔJ_z 的情况下，减少了热源不完善导致的炽耗散 $\Delta J_{热源}$，由此取得的效果是在余热回收量不变时增加了输配及末端传热的炽耗散 ΔJ_2。从另一个角度说，吸收式热泵的使用并不改变余热回收量 Q，但通过减小热源不完善度，提高了供水温度 τ_g，使得热量与供水温度的组合（Q，τ_g）满足供暖需求。

6.3.4　热源不完善度的改善方法 3：电热泵

当供暖要求的供水温度较高时，从 T-Q 图上看，热网水线位于余热热源线以下的部分所对应的面积较小，而热网水线位于余热热源线以上的部分所对应的面积较大。此时，热源可利用的正炯较小，而需要提取的热源负炯较大，不满足吸收式热泵的热力完善度判别要求。为了解决这一矛盾，必须由外界对余热整合系统补充额外的正炯，如图 6-10 所示。适用性最广、效果最显著的正炯补充方式即为电力输入，亦即采用电热泵技术。

由电热泵补充的正炯等于输入的电功，即：

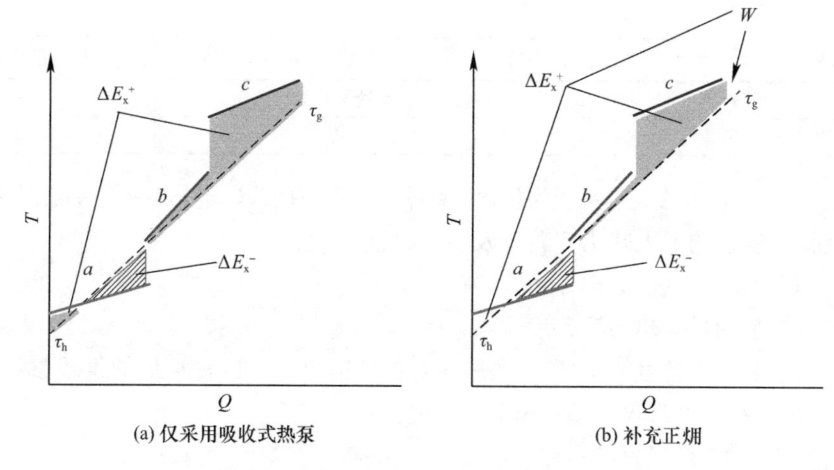

图 6-10　电热泵技术补充正㶲减少 $\Delta J_{热源}$

$$\Delta E_{xE}^{+}=W \tag{6-16}$$

式中，W 为用于驱动电热泵的输入电功，ΔE_{xE}^{+} 为系统补充的正㶲。

与吸收式热泵类似，电热泵的应用也必须满足热力完善度与性能系数两个判别式：

(1) 热力完善度判别式：$\dfrac{\Delta E_{xE}^{-}}{\Delta E_{xE}^{+}}=\dfrac{\Delta E_{xE}^{-}}{W}\leqslant\varepsilon_{EHP}$；

式中，ΔE_{xE}^{-} 为电热泵提取的负㶲；ε_{EHP} 为电热泵的热力完善度，理论上热力完善度最大为 1，即 $\varepsilon_{EHP}\leqslant 1$。

(2) 性能系数判别式：$COP_{EHP}\leqslant\theta_{EHP}=\theta_k\cdot\varepsilon_{EHP}$；

式中，θ_{EHP} 为电热泵的最大性能系数，等于蒸发温度、冷凝温度下的卡诺逆循环的性能系数 θ_k 与电热泵热力完善度 ε_{EHP} 的乘积。

总之，电热泵应该用于需要提取的热源负㶲 ΔE_x^- 较大，但热源可利用的正㶲 ΔE_x^+ 较小，无法满足吸收式热泵热力完善度判别要求的场合。通过补充适量的电功起到补充正㶲的作用。虽然电功会转化为热而少量增加了输出的热量 Q，但使用电热泵的本质目的并不在于补充热量，而是通过补充正㶲，实现热源不完善度的减小，提高供水温度 τ_g，最终使得热量与供水温度的组合（Q，τ_g）满足供暖需求。

6.4　余热整合方法的案例描述

6.4.1　问题描述

某工业企业的低品位工业余热热源及品位信息如表 6-2 所示。

低品位工业余热热源及品位信息　　**表 6-2**

余热热源	起点温度（℃）	终点温度（℃）	热流量（MW）
A	35	45	10
B	55	65	10
C	85	100	5

续表

余热热源	起点温度（℃）	终点温度（℃）	热流量（MW）
D	150	150	5
总计			30

采集温差为3℃，吸收式热泵视为包含两级采集温差（6℃），电热泵视为一级温差（3℃）；给定吸收式热泵的最大热力完善度及最大性能系数：

$\varepsilon_{AHP}=0.6$，$\theta_{AHP,I}=0.7$，$\theta_{AHP,II}=0.35$

再给定电热泵的最大热力完善度：$\varepsilon_{EHP}=0.8$

取热热网水的回水温度为30℃，现热网对工厂提出如下四种情形的供暖参数要求：

（1）情形1：$Q=20$MW，$\tau_g=60$℃

（2）情形2：$Q=25$MW，$\tau_g=70$℃

（3）情形3：$Q=30$MW，$\tau_g=75$℃

（4）情形4：$Q=30$MW，$\tau_g=100$℃

以上四种情形对于余热整合过程的参数要求逐渐提高，设计适合的整合方法满足上述要求。

6.4.2 情形1——合理弃热

如图6-11（a）所示，根据夹点优化法可知，全部回收30MW余热时，最高供水温度为64℃，高于情形1供水温度60℃的要求，因此仅通过换热方式就能满足供暖的要求，如图6-11（b）所示。

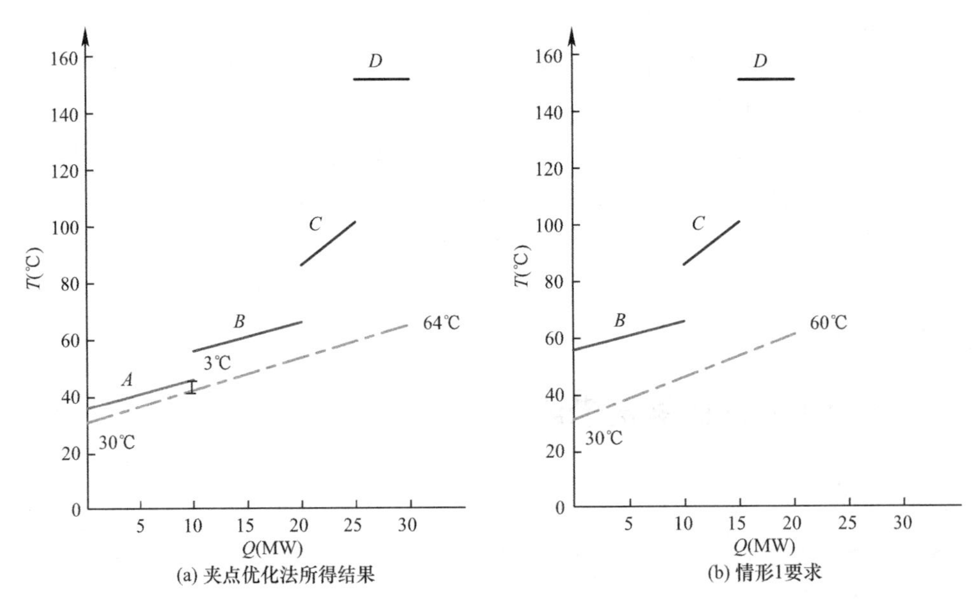

图6-11 情形1：T-Q图

6.4.3 情形2——夹点优化

如前所述，回收全部余热时，夹点优化法可得最高供水温度为64℃，不能满足情形2

的供水温度70℃的要求。根据情形2对于热量的要求，验算发现舍弃5MW低温热源A的热量时，供水温度可以满足供暖所需，如图6-12所示。

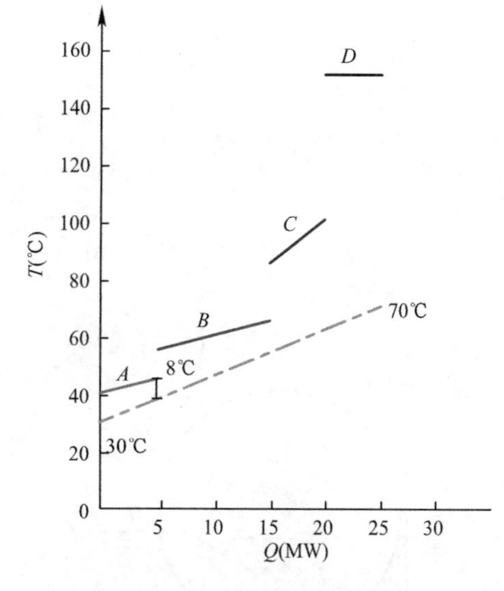

图6-12　情形2：T-Q图

6.4.4　情形3——吸收式热泵提热

情形3中需要回收全部热量，供水温度要求75℃，高于夹点分析法所能得到的64℃供水温度。此时仅通过换热方法和设备无法满足供暖要求，根据热量要求又不能舍弃任何热量，必须采用热泵技术才可能实现，但需要验证热泵的可行性。

如图6-13所示，为了达到75℃的供水温度，需要提升一部分热源A的负㶲。由于热源B与热网水之间的正㶲较小，实际工程中仅利用部分热源C、D与热网水之间的正㶲。

计算图6-13中所示各部分正㶲及负㶲的数值如下：

$$\Delta E_{x}^{-}=0.086\text{MW}，\Delta E_{x1}^{+}=0.233\text{MW}，\Delta E_{x2}^{+}=0.872\text{MW}$$

代入吸收式热泵的热力完善度判别式，计算得：

$$\frac{\Delta E_{x}^{-}}{\Delta E_{x}^{+}}=\frac{0.086}{0.233+0.872}=0.08<0.6$$

即热力完善度满足要求，可以实现；

如图6-13中所示，需要提升的热源A的热量为6MW，热源C、D被用于吸收式热泵流程中的热量分别为3.6MW和5MW。

再计算吸收式热泵的性能系数判别式。

定义COP作为吸收式热泵的性能系数，当以制冷为目的或者以制热为目的的采用第一类吸收式热泵时，COP_1的定义为：

$$COP_1=Q_e/Q_g$$

Q_e为输入到蒸发器的热量、也就是制冷量；Q_g为输入到发生器的热量，也就是驱动热量。

对于以提升输出热量的温度为目的的第二类热泵，COP_2的定义为：

$$COP_2=Q_a/(Q_g+Q_e)$$

式中：Q_a为从吸收器输出的热量，也就是第二类热泵输出的热量。

所以得：

$$COP_{\text{AHP}}=\frac{6}{5+3.6}=0.7$$

即吸收式热泵的性能系数满足要求，可以实现；

总之，利用吸收式热泵可以满足余热供暖的参数要求，具体的取热流程如图6-14所示。

如图6-14所示，从热源介质侧看，热源A介质先按照5∶7的流量比并联进入两台吸

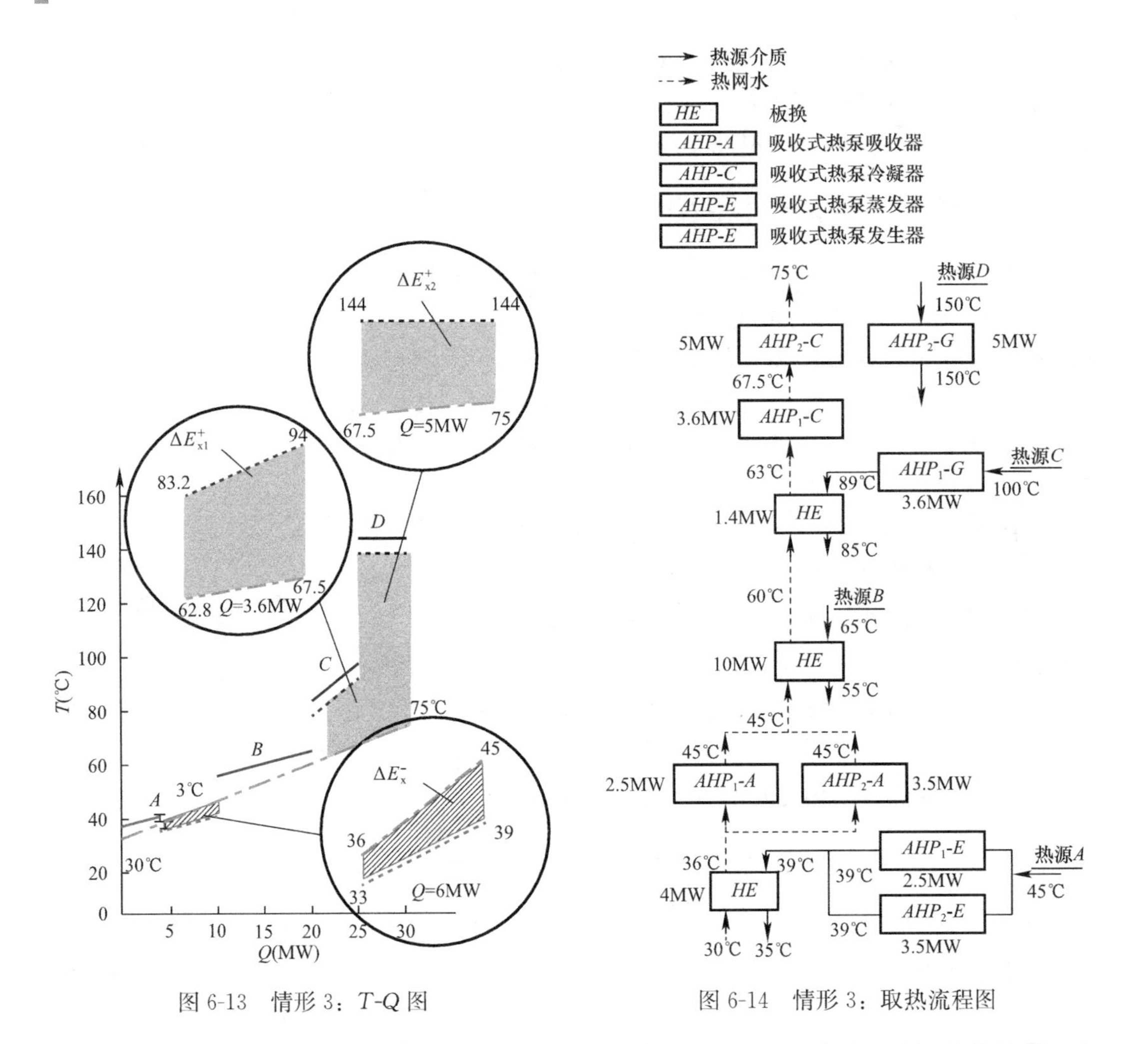

图 6-13 情形 3：T-Q 图

图 6-14 情形 3：取热流程图

收式热泵（分别编号为 1 号和 2 号）的蒸发器，均降温至 39℃后再进入常规的换热器，与热网回水逆流换热后被冷却到 35℃。热源 B 介质在常规换热器内被冷却至 55℃。热源 C 介质先进入 1 号吸收式热泵的发生器，降温至 89℃后再进入常规换热器，与热网水逆流换热后被冷却至 85℃。热源 D 介质进入 2 号吸收式热泵的发生器，等温冷凝放出热量。

从取热热网水侧看，30℃的热网回水先进入第一组（台）常规换热器回收热源 A 的热量，升温至 36℃后并联进入 1 号和 2 号吸收式热泵的吸收器，均被加热至 45℃；合成一股后再进入第二组（台）常规换热器回收热源 B 的热量，升温至 60℃；再进入第三组（台）常规换热器回收热源 C 的部分热量，升温至 63℃；再进入 1 号和 2 号吸收式热泵的冷凝器，分别升温至 67.5℃和 75℃，最后供出。

根据图 6-14 容易得到所有余热采集设备的换热量、温度参数，如表 6-3 所示。

余热采集设备的换热量、温度参数列表 **表 6-3**

余热采集设备或部件	换热量（MW）	入口温度（℃）	出口温度（℃）
换热器 1	4.0	热网水侧：30 热源侧：39	热网水侧：36 热源侧：35

续表

余热采集设备或部件	换热量（MW）	入口温度（℃）	出口温度（℃）
换热器 2	10.0	热网水侧：45 热源侧：65	热网水侧：60 热源侧：55
换热器 3	1.4	热网水侧：60 热源侧：89	热网水侧：63 热源侧：85
吸收式热泵 1：蒸发器	2.5	热源侧：45	热源侧：39
吸收式热泵 1：吸收器	2.5	热网水侧：36	热网水侧：45
吸收式热泵 1：发生器	3.6	热源侧：100	热源侧：89
吸收式热泵 1：冷凝器	3.6	热网水侧：63	热网水侧：67.5
吸收式热泵 2：蒸发器	3.5	热源侧：45	热源侧：39
吸收式热泵 2：吸收器	3.5	热网水侧：36	热网水侧：45
吸收式热泵 2：发生器	5.0	热源侧：150	热源侧：150
吸收式热泵 2：冷凝器	5.0	热网水侧：67.5	热网水侧：75

6.4.5　情形 4——电热泵补热

情形 4 中同样需要回收全部余热热源的热量，供水温度要求为 100℃，甚至高于情形 3 的供水温度，可以断定必须采用热泵技术才有可能实现。

如图 6-15 所示，为了达到 100℃的供水温度，需要提升一部分热源 *A* 和全部热源 *B* 的负㶲。由于热源 *C* 与热网水之间的正㶲较小，实际工程中仅利用热源 *D* 与热网水之间的正㶲。

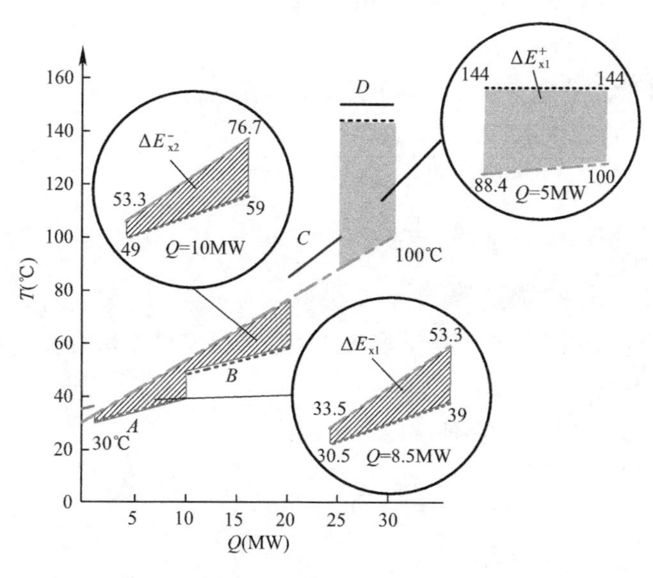

图 6-15　情形 4：*T*-*Q* 图

计算图 6-15 中所示各部分正㶲及负㶲的数值如下：

$$\Delta E_{x1}^{-}=0.232\text{MW},\ \Delta E_{x2}^{-}=0.325\text{MW},\ \Delta E_{x1}^{+}=0.597\text{MW}$$

代入吸收式热泵的热力完善度判别式，计算得：

$$\frac{\Delta E_{x}^{-}}{\Delta E_{x}^{+}}=\frac{0.232+0.325}{0.597}=0.93>0.6$$

即热力完善度不满足要求，仅采用吸收式热泵时，正㶲过小，需要提升的负㶲过大，不能实现。因此必须采用电热泵才可能满足要求。

根据电热泵的热力完善度判别式，计算得：

$$\begin{aligned}W&=\Delta E_{xE}^{+}=\Delta E_{x}^{-}-\Delta E_{x}^{+}\cdot\varepsilon_{AHP}\\&=0.232+0.325-0.597\times0.6\\&=0.2\text{MW}\end{aligned}$$

即从热力完善度判别条件计算，至少需要补充 0.2MW 电力才能实现该取热流程以满足供暖需求。

再根据电热泵的性能系数判别式进行估算，首先估计电热泵的理论最大性能系数 θ_{EHP}。吸收式热泵的最大制冷量 $Q_{E,AHP}$（蒸发器内回收热源 A 的热量）可由热源 D 的热量 Q_D 与吸收式热泵的最大性能系数 θ_{AHP} 求出：

$$Q_{E,AHP}=Q_D\cdot\theta_{AHP}=5\times0.7=3.5\text{MW}$$

进而可以计算出用于回收热源 A 剩余热量的电热泵（编为 1 号电热泵）的制冷量 $Q_{E,EHP1}$ 并估算其蒸发温度 T_{E1} 和冷凝温度 T_{C1}：

$$Q_{E,EHP1}=8.5-Q_{E,AHP}=8.5-3.5=5\text{MW}$$

$$\begin{aligned}T_{E1}&=T_{AH}-\frac{Q_{E,EHP1}}{Q_A}\cdot(T_{AH}-T_{AL})-\Delta t_{采集}\\&=273+45-\frac{5}{10}\times(45-35)-3\\&=310\text{K}\end{aligned}$$

其中，T_{AL} 和 T_{AH} 分别为开氏温标下热源 A 的起点和终点温度。

$$\begin{aligned}T_{C1}&\approx T_h+\frac{Q_A}{Q_A+Q_B+Q_C+Q_D}\cdot(T_g-T_h)+\Delta t_{采集}\\&=273+30+\frac{10}{30}\times(100-30)+3\\&\approx329\text{K}\end{aligned}$$

其中，T_g 和 T_h 分别为开氏温标下取热热网水的供水温度和回水温度，该式忽略了电热转换产生的少量热量。

因此，1 号电热泵的卡诺逆循环制冷系数为：

$$\theta_{\kappa,EHP1}=\frac{T_{E1}}{T_{C1}-T_{E1}}=\frac{310}{329-310}\approx16$$

则 1 号电热泵的最大性能系数为：

$$\theta_{EHP1}=\theta_{\kappa,EHP1}\cdot\varepsilon_{EHP}=16\times0.8=12.8$$

回收热源 B 热量的电热泵（编为 2 号电热泵）的制冷量 $Q_{E,EHP2}$ 为 10MW，同样可以计算出其卡诺逆循环制冷系数 $\theta_{\kappa,EHP2}$ 和最大性能系数 θ_{EHP2}：

$$\theta_{\kappa,\mathrm{EHP2}}=\frac{T_{\mathrm{E2}}}{T_{\mathrm{C2}}-T_{\mathrm{E2}}}=\frac{325}{353-325}\approx 11.6$$

$$\theta_{\mathrm{EHP2}}=\theta_{\kappa,\mathrm{EHP2}}\cdot\varepsilon_{\mathrm{EHP}}=11.6\times 0.8=9.28$$

估算两台电热泵的整体性能系数 COP_{EHP} 为：

$$COP_{\mathrm{EHP}}=\frac{Q_{\mathrm{E,EHP1}}+Q_{\mathrm{E,EHP2}}}{\dfrac{Q_{\mathrm{E,EHP1}}}{\theta_{\mathrm{EHP1}}}+\dfrac{Q_{\mathrm{E,EHP2}}}{\theta_{\mathrm{EHP2}}}}=\frac{5+10}{\dfrac{5}{12.8}+\dfrac{10}{9.28}}\approx 10$$

因此，根据电热泵性能系数判别式可计算出需要补充的电力为：

$$W=\frac{10+8.5-5\times\theta_{\mathrm{AHP}}}{COP_{\mathrm{EHP}}}=\frac{18.5-5\times 0.7}{10}=1.5\mathrm{MW}$$

即至少需要补充 1.5MW 电力才能实现该流程。

总之，同时采用吸收式热泵与电热泵技术可以满足余热供暖的参数要求，并且结合电热泵的热力完善度判别条件和性能系数判别条件，综合判断需要补充 1.5MW 电力，具体的取热流程如图 6-16 所示。

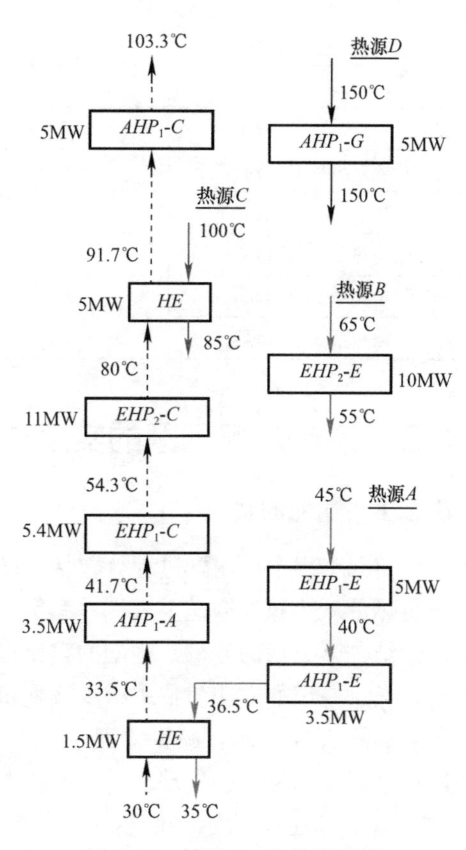

图 6-16　情形 4：取热流程图

如图 6-16 所示，从热源介质侧看，热源 A 介质依次进入 1 号电热泵和吸收式热泵的蒸发器，逐级降温至 36.5℃后再进入常规换热器，与热网回水逆流换热降温至 35℃。热源 B 介质在 2 号电热泵蒸发器内降温至 55℃。热源 C 介质在常规换热器内与热网水逆流换热被冷却至 85℃。热源 D 介质在吸收式热泵的发生器内等温冷凝释放出热量。

从取热热网水侧看，30℃的热网回水先进入第一组（台）常规换热器回收热源 A 的一部分热量，升温至 33.5℃后依次进入吸收式热泵的吸收器和 1 号电热泵的冷凝器，被加热至约 54℃；再进入 2 号电热泵的冷凝器，升温至 80℃；然后进入第二组（台）常规换热器回收热源 C 的热量，升温至约 92℃；最后进入吸收式热泵的冷凝器，升温至约 103℃供出。

同样由图 6-16 容易得到所有余热采集设备的换热量、温度参数，如表 6-4 所示。

余热采集设备的换热量、温度参数列表　　**表 6-4**

余热采集设备或部件	换热量（MW）	入口温度（℃）	出口温度（℃）
换热器 1	1.5	热网水侧：30 热源侧：36.5	热网水侧：33.5 热源侧：35
换热器 2	5.0	热网水侧：80 热源侧：100	热网水侧：91.7 热源侧：85
吸收式热泵 1：蒸发器	3.5	热源侧：40	热源侧：36.5
吸收式热泵 1：吸收器	3.5	热网水侧：33.5	热网水侧：41.7

续表

余热采集设备或部件	换热量（MW）	入口温度（℃）	出口温度（℃）
吸收式热泵1：发生器	5.0	热源侧：150	热源侧：150
吸收式热泵1：冷凝器	5.0	热网水侧：91.7	热网水侧：103.3
电热泵1：蒸发器	5.0	热源侧：45	热源侧：40
电热泵1：冷凝器	5.4	热网水侧：41.7	热网水侧：54.3
电热泵2：蒸发器	10.0	热源侧：65	热源侧：55
电热泵2：冷凝器	11.0	热网水侧：54.3	热网水侧：80

6.5 余热输配问题的实质与目标

6.5.1 输配的实质

实际工程中，输配过程（包括末端传热）是利用有限的管网流量和有限的末端换热面积将热量从热源处输送至末端并满足末端供暖需求的过程。

结合第2章的分析，输配的实质可以表述为：在采集和整合过程要求较多炽耗散 ΔJ_1 时，通过一定的方法与技术减少输配过程的炽耗散 ΔJ_2。

如图6-17所示，减少输配过程的炽耗散可以通过降低一次网供水温度或者降低一次网回水温度两种途径实现。

图6-17（a）表示降低热网一次侧供水温度的技术路径，由于在实际工程中降低供水温度恶化了热量和供水温度的组合（Q，t_g），有可能使得供暖参数不再满足要求；并且输配过程的水泵电耗由于供回水温差的降低而增加，因此这种方式具有很大的局限性。

图6-17（b）表示降低热网一次侧回水温度的技术路径，由于不改变热量和供水温度的组合（Q，t_g），而单纯地减少了输配过程中的炽耗散，且对于增大供回水温差从而降低输配过程水泵电耗有利，因此是一种可行的方法。

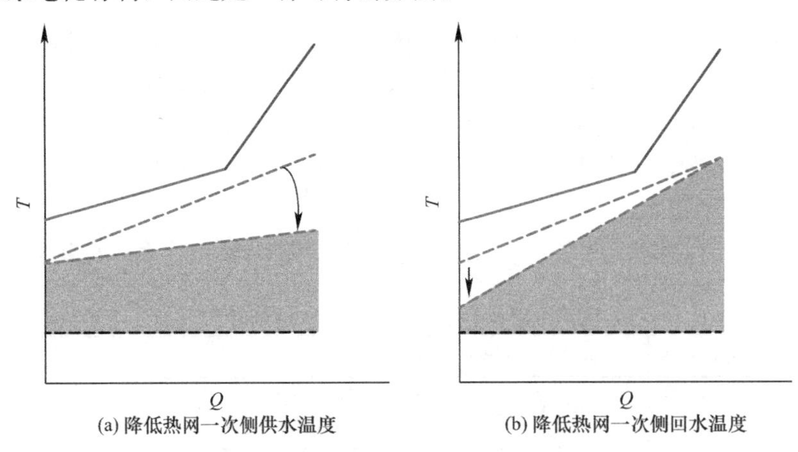

(a) 降低热网一次侧供水温度　(b) 降低热网一次侧回水温度

图6-17　降低热网一次侧回水温度减少 ΔJ_2

6.5.2 对热网一次侧回水温度影响的评价方法与指标

如上所述，低品位工业余热长距离输配的关键是要降低热网一次侧回水温度，那么在实际工程中是否存在定量指标对一次侧回水温度的影响进行刻画和评价，能否从炽耗散指标之外找到物理意义更显著的评价指标呢？

从经济性角度可以建立合适的评价指标。经济性包括建设经济性和运行经济性两方面，对应到低品位工业余热供暖工程上来，就是工程是否适宜进行管网、设备的建设投入，以及运行过程是否经济。

一般来说，工程的规模越大，建设经济性越佳，因此余热回收率可以作为评价建设经济性的指标，定义如下：

$$\eta=\frac{Q_{\mathrm{r}}}{Q_{\mathrm{z}}} \tag{6-17}$$

式中，Q_{z} 表示工厂的余热总量，Q_{r} 表示余热的回收量。显然较高的余热回收率指标 η 更优。当回水温度较高时，特别低温的余热无法回收，就会降低余热回收量，从而指标 η 减小；反之当回水温度较低时，指标 η 较大。

另外，输配过程中消耗于循环水泵的电耗多少可以直接表征运行经济性，因此水泵输配系数可以作为评价运行经济性的指标，定义如下：

$$WTF=\frac{Q_{\mathrm{r}}}{W_{\mathrm{I}}}=\frac{C_{\mathrm{w}}\cdot\Delta\tau\cdot\eta_{\mathrm{p}}}{gH} \tag{6-18}$$

式中，W_{I} 是工厂内的输配电耗（W），C_{w} 是取热热网水的热容（J/℃），$\Delta\tau$ 是输配温差，即供回水温差（℃），g 是当地的重力加速度，可取 9.8m/s^2，H 是用于克服厂区水阻的循环水泵扬程（m）。显然较大的水泵输配系数 WTF 更优。一般来说，回水温度降低可以拉大输配温差，从而减小指标 WTF。

6.5.3　降低一次侧回水温度的意义

通过案例利用上述两个经济性指标定量分析降低一次侧回水温度对于低品位工业余热供暖的意义。

该案例中的降低一次侧回水温度余热信息如表 6-5 所示。

降低一次侧回水温度余热信息　　表 6-5

余热热源	起点温度（℃）	终点温度（℃）	热流量（kW）
A	35	45	3000
B	50	70	2000
C	75	95	2000

为了统一指标数值之间相互比较的依据和基准，给出如下假定：

（1）每一级换热过程阻力 5m，不使用吸收式热泵；

（2）要求工厂的供水温度 $\tau_{\mathrm{g}}\geqslant$70℃；

（3）要求尽可能多回收余热；

（4）每一级换热温差最小为 3℃；

（5）管道阀门阻力为换热过程 50%；

（6）水泵效率 70%。

计算一次侧回水温度从 60℃至 10℃逐渐降低时指标 η 和 WTF 的变化情况，降低一次

侧回水温度对 WTF 及余热回收率的影响如图 6-18 所示。

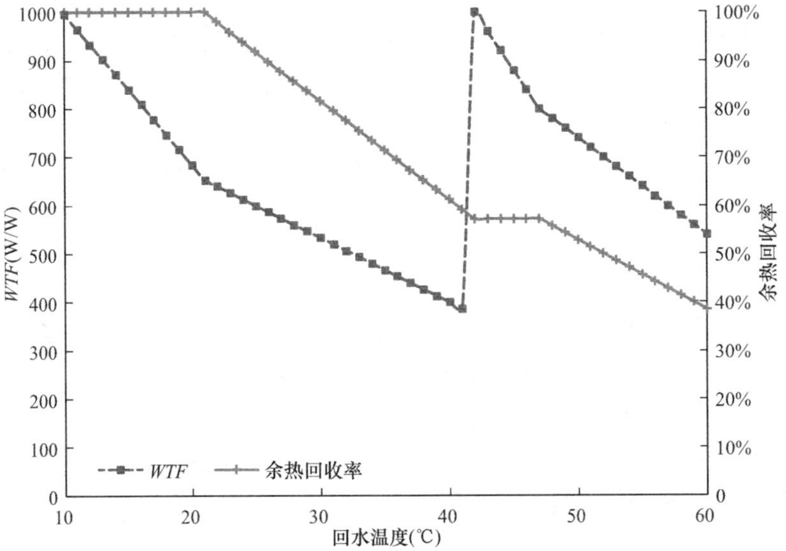

图 6-18　降低一次侧回水温度对 WTF 及余热回收率的影响

由图 6-18 不难发现，降低一次侧回水温度，可以显著提高余热回收率，当回水温度降低至一定程度后（本案例中约为 20℃），余热回收率达到 100%而不再提高，继续降低回水温度对于提高余热回收率不起作用。此外总体来看，降低一次侧回水温度可以提高水泵输配系数 WTF。图中指标 WTF 出现阶跃变化是由于一次侧回水温度降低至某温度时，有新的更低温度的余热可以被回收，因此增加了取热流程中的串联换热器数（本案例中在回水温度约 40℃时，在原先只回收热源 B、C 热量的基础上，增加回收热源 A 的热量）而增加了局部阻力，从而减少了 WTF 指标数值。但是只要是在一定的取热流程下，WTF 指标的数值是随着回水温度的降低而不断提高的，即降低一次侧回水温度始终可以改善运行的经济性。

6.5.4　降低一次侧回水温度的技术及其对供暖系统产生的作用

适用于低品位工业余热集中供暖系统的可以有效降低热网一次侧回水温度的技术方法主要包括以下几种：(1) 梯级供暖末端；(2) 热力站吸收式末端；(3) 多级立式（楼宇式）吸收式热泵；(4) 热力站电热泵末端等，如图 6-19 所示。

6.5.4.1　梯级供暖末端

如图 6-19 (a) 所示，梯级供暖末端由间连的散热器末端、直连的散热器末端与低温辐射末端（如辐射地板末端）依次串联组成，对一次侧热水的热量进行梯级利用，热水最终可以降低至低温辐射末端的回水温度水平，即约 30～35℃。以图 6-19 (a) 中给出的温度数值为例，散热器末端的供水温度为 60℃，回水温度为 40℃；辐射地板末端的供回水温度分别为 40℃和 30℃。热网一次侧供水 90℃，先进入板式换热器与二次侧供回水进行换热，二次侧热水为散热器末端供暖；一次侧回水降温至 60℃后作为直连散热器末端的供水，回水进一步降温至 40℃；40℃的直连散热器末端回水再作为辐射地板末端的供水，最终一次侧回水温度降低至 30℃。

由于三种末端串联连接，假设其单位建筑面积的耗热量相等，那么三者的供暖面积之比应该与其对应的供回水温差大致相等。图 6-19（a）中，三者的供回水温差分别为 30℃，20℃和 10℃，则间连散热器末端、直连散热器末端和地板辐射末端的供暖面积之比应为 3∶2∶1。

为了满足热力调节的需要，在每一种末端的一次侧主供水管和主回水管之间都安装有旁通管和旁通阀；通过旁通阀的启闭和调节，以量调节的方式进行热力调节。此外，在安装直

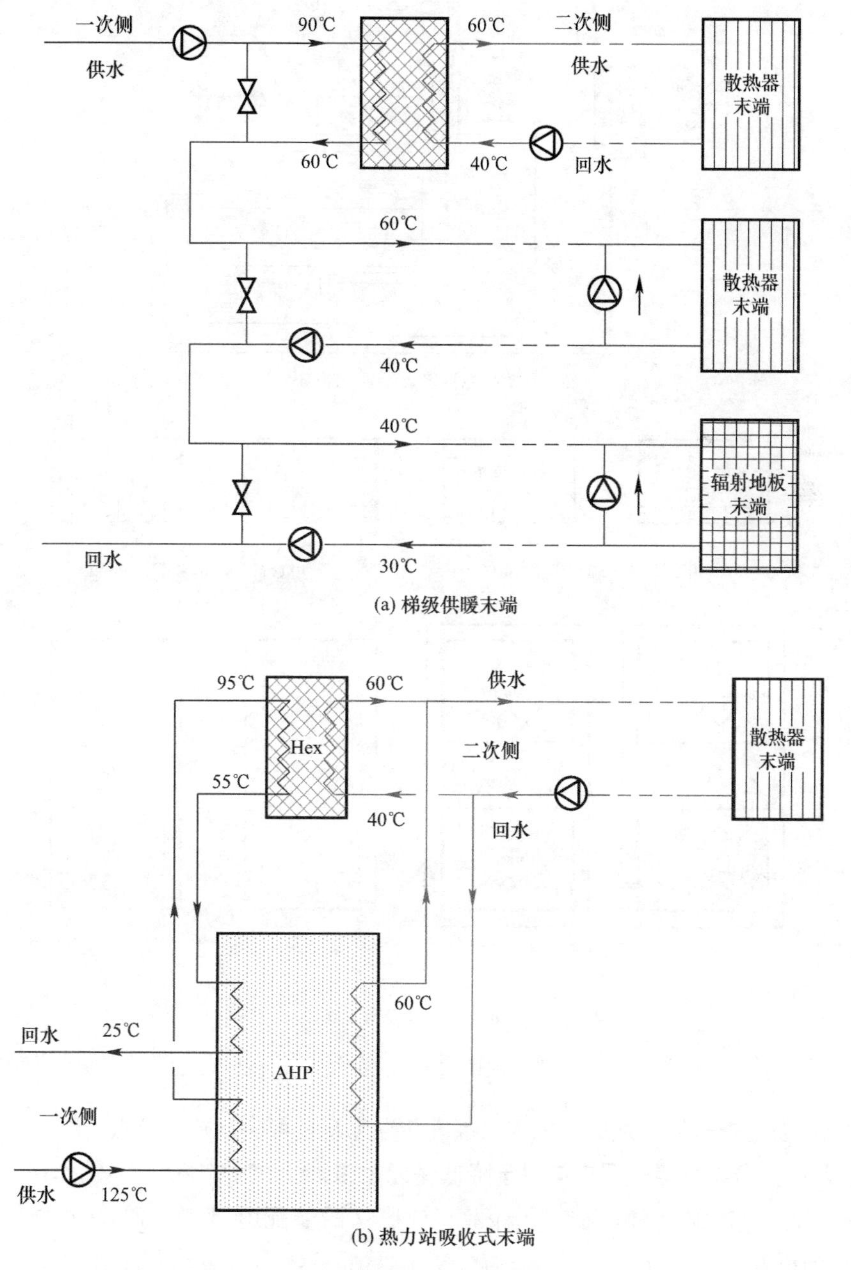

图 6-19　降低一次侧回水温度的技术与方法（一）

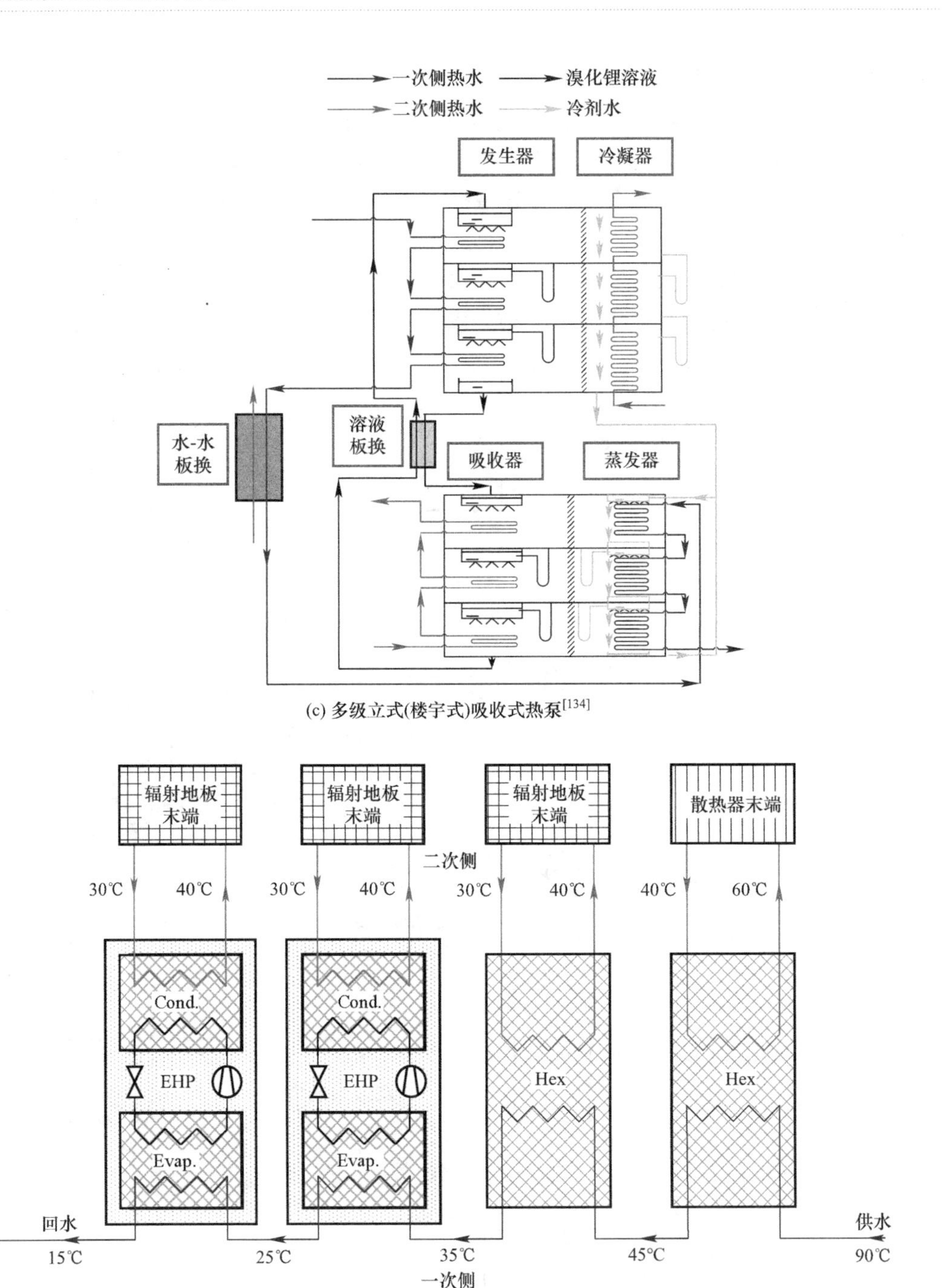

(c) 多级立式(楼宇式)吸收式热泵[134]

(d) 热力站电热泵末端

图 6-19　降低一次侧回水温度的技术与方法（二）

连散热器末端及地板辐射末端的楼栋入口都安装混水泵，可满足热力及水力调节的需要。

通过 T-Q 图分析梯级供暖末端对于降低输配及末端传热炽耗散 ΔJ_2 的作用，如图 6-20 所示。在本节分析输配及末端传热炽耗散（或广义的输配炽耗散）时，进一步将 ΔJ_2 拆分为输配炽耗散 ΔJ_{21} 及末端传热炽耗散 ΔJ_{22} 两部分，拆分方法如下：将一次侧热水与进入、流出末端用户散热设备的热水之间的炽耗散定义为狭义的输配炽耗散 ΔJ_{21}；将进入、流出末端用户散热设备的热水与室温之间的炽耗散定义为末端传热的炽耗散 ΔJ_{22}。显然有：

$$\Delta J_2=\Delta J_{21}+\Delta J_{22} \tag{6-19}$$

图 6-20（a）所示的是传统散热器末端的情形，图中深色实线表示的是一次侧热水线，供回水温度为 90℃/60℃；浅色实线表示的是二次侧热水线，供回水温度为 60℃/40℃；虚线表示的是室温线，室温 20℃。一次侧和二次侧热水线之间围合的面积（深色阴影，标记为色块①）表示 ΔJ_{21}；二次侧热水线与室温线之间围合的面积（浅色阴影，标记为色块②）表示 ΔJ_{22}。

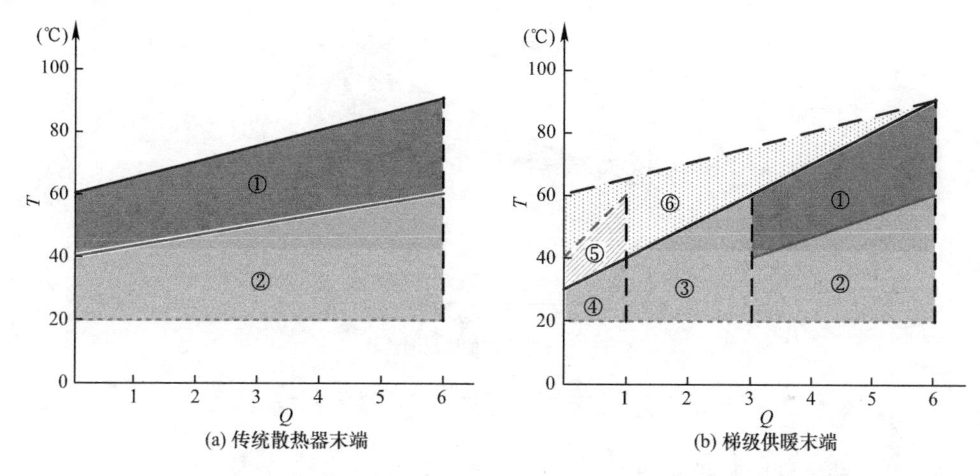

图 6-20　梯级供暖末端与传统散热器末端 ΔJ_2 的拆分与比较

图 6-20（b）所示的是梯级供暖末端的情形。深色虚线表示的是传统散热器末端情形下的一次侧热水线。梯级供暖时，二次侧热水只存在于间连散热器末端，且根据前述分析，其热量只占所有末端总热量的 1/2。根据定义，输配炽耗散 ΔJ_{21} 由色块①表示。间连散热器末端、直连散热器末端和辐射地板末端的末端传热炽耗散分别由色块②～④表示，全部末端传热炽耗散由该三色块拼合而成（②+③+④）。

由于一次侧回水温度降低，输配及末端传热炽耗散 ΔJ_2 减少，减少的数值可由传统散热器末端情形下的一次侧热水线与梯级供暖末端情形下的一次侧热水线（即深色虚线与深色实线）之间围合的面积（斜线阴影及散点阴影，标记为色块⑤、⑥）表示。其中，由于最末级采用了地板辐射末端，相比于传统散热器末端，末端传热炽耗散减少，减少的数值可由传统散热器热水线（位于斜线阴影与散点阴影交界处的浅色虚线）与地板辐射末端热水线（浅色虚线下方的深色实线）之间围合的面积（即色块⑤）表示。实际输配炽耗散减少的数值则由色块⑥对应的面积表示。

总之，梯级供暖末端减少了输配及末端传热炽耗散 ΔJ_2，其中输配炽耗散 ΔJ_{21} 与末端传热炽耗散 ΔJ_{22} 都相应减少。

补充说明的是，梯级末端设计工况下未考虑末端混水的情况。对于直连的末端，若存在混水时，混水的过程相当于增加了一个回水侧端差为零的板式换热器，如图 6-21 所示，使得仅从传热角度分析时可等效为“特殊的”间连末端，此时输配过程的炽耗散 ΔJ_{21}

[图 6-21（c）中阴影所示] 实质是部分回水与供水混合时产生的掺混炽耗散。

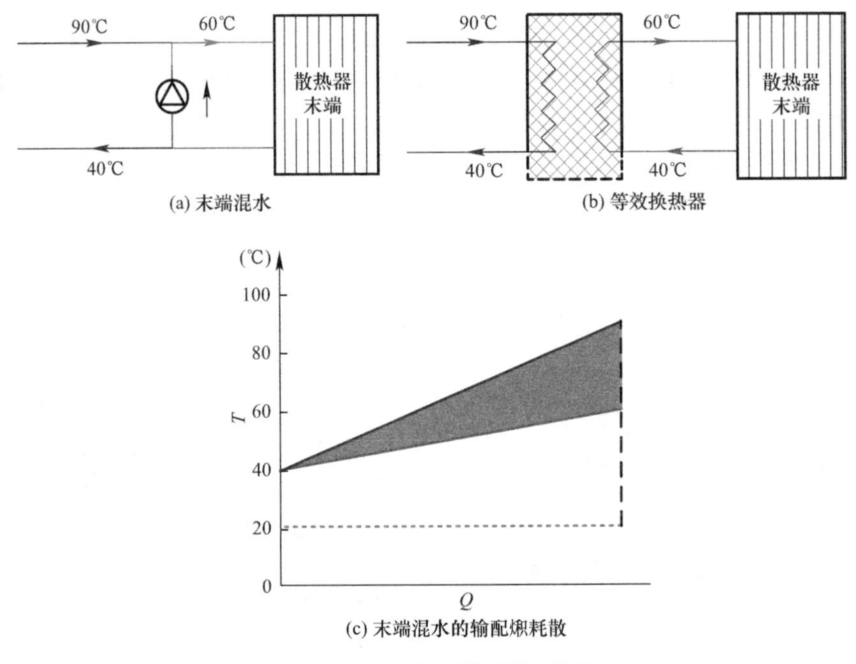

图 6-21　末端混水的炽耗散等效处理

6.5.4.2　热力站吸收式末端

如图 6-19（b）所示，热力站吸收式末端的设备主体为安装于热力站内的吸收式热泵及附属板式换热器。一次侧高温供水作为吸收式热泵的驱动源，对一次侧回水进行降温，热水最终可以降低至低于末端散热设备回水温度的水平。以图 6-19（b）给出的温度数值为例，散热器末端的供水温度为 60℃，回水温度为 40℃。热网一次侧供水 125℃进入吸收式热泵发生器驱动之，降温至 95℃后进入板式换热器并加热二次侧热水，降温至 55℃。再进入吸收式热泵蒸发器内被最终冷却至 25℃。二次侧回水在板式换热器及吸收式热泵冷凝器、吸收器内被加热升温后供出。

通过 T-Q 图分析热力站吸收式热泵末端与传统散热器末端 ΔJ_2，如图 6-22 所示。

图 6-22（a）所示的是传统散热器末端的情形。色块①表示 ΔJ_{21}，色块②表示 ΔJ_{22}。

图 6-22（b）所示的是热力站吸收式热泵末端的情形。深色虚线表示的是传统散热器末端情形下的一次侧热水线。根据定义，热力站吸收式热泵供暖时，热量由一次侧进入发生器再至冷凝器而最终传递至二次侧过程中的输配炽耗散由色块①表示；热量由一次侧进入板式换热器而传递至二次侧过程中的输配炽耗散由色块②表示；热量由一次侧进入蒸发器再至吸收器而最终传递至二次侧过程中的输配炽耗散由色块⑥表示，值得注意的是，由于这部分热量对应的一次侧水温低于二次侧，因此炽耗散为负值，即产生一部分“负炽”。由于末端的供回水温度与传统散热器末端相同，因此末端传热炽耗散并未发生改变（③＋④＋⑤＋⑥），与图 6-22（a）中色块②对应的面积相等。

由于一次侧回水温度降低，输配及末端传热炽耗散 ΔJ_2 减少，减少的数值可由色块

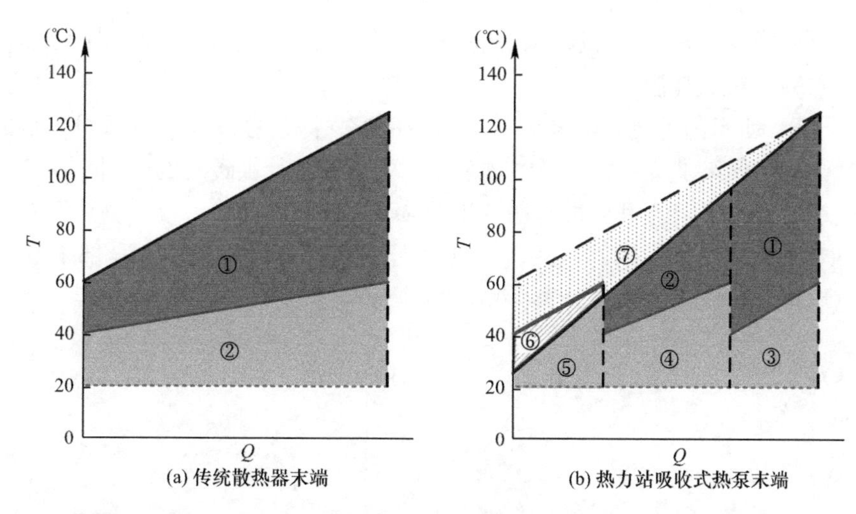

图 6-22 热力站吸收式热泵末端与传统散热器末端 ΔJ_2 的拆分与比较

⑥、⑦之和表示。由于末端传热炽耗散 ΔJ_{22} 没有改变，因此输配炽耗散 ΔJ_{21} 减少值也可由色块⑥、⑦之和表示。

总之，热力站吸收式末端在不改变末端传热炽耗散 ΔJ_{22} 的前提下，可以单纯减少输配炽耗散 ΔJ_{21}，最终减少了输配及末端传热总的炽耗散 ΔJ_2。

6.5.4.3 多级立式（楼宇式）吸收式热泵

如图 6-19（c）所示，多级立式（楼宇式）吸收式热泵或多级立式大温差吸收式变温器[134]，在上述吸收式热泵的基础之上，通过改善流程内部的不合理的“三角形”传热过程，从而消除原吸收式热泵的不匹配传热，在相同制冷量（或制热量）下可以显著减小机组的传热面积，从而使得机组结构更为紧凑，占地面积更小，可以分散布置安装于居民小区的楼栋口。研究还表明在供暖系统中，多级立式（楼宇式）吸收式热泵可制取的最低一次侧回水温度可以降低至 20℃以下，较传统的吸收式热泵性能更优。

6.5.4.4 热力站电热泵末端

如图 6-19（d）所示，热力站电热泵末端的设备主体为安装于热力站内的电热泵及附属板式换热器，电热泵与板式换热器串联连接。其中，板式换热器也可以部分取消，即在图 6-19（a）所示的梯级供暖末端后再连接电热泵，从而进一步降低回水温度。以图 6-19（d）给出的温度数值为例，散热器末端的供水温度为 60℃，回水温度为 40℃，辐射地板末端的供水温度为 40℃，回水温度为 30℃。热网一次侧供水 90℃先依次为散热器末端及辐射地板末端进行梯级供暖，回水温度 35℃［若采用图 6-19（a）所示的直连方式，回水温度为 30℃］；回水进入电热泵蒸发器内，进一步降温，图中通过两台电热泵串联的方式可以提高电热泵机组的平均蒸发温度从而提升热泵性能系数。最终一次侧回水温度降低至 15℃。二次侧回水在板式换热器及电热泵冷凝器被加热升温后供出。由于电热泵蒸发压力、冷凝压力差较小，因此性能系数 *COP* 较高；特别是在供暖季的初末寒期，两器压差更小，*COP* 更高，具有很显著的经济性。

通过 *T*-*Q* 图分析热力站电热泵末端对于降低输配及末端传热炽耗散 ΔJ_2 的作用，如图 6-23 所示。

图 6-23（a）所示的是梯级供暖末端的情形。色块①、③表示输配炽耗散 ΔJ_{21}，色块②、④表示末端传热炽耗散 ΔJ_{22}。

图 6-23（b）所示的是热力站电热泵末端的情形。深色虚线及浅色虚线表示的是不采用电热泵时，采用梯级供暖的方式为电热泵对应的末端进行供暖时的热网一次侧和二次侧热水线。色块①～④表示的炽耗散与图 6-23（a）梯级末端情形一致。电热泵对应末端的末端传热炽耗散由色块⑤+⑥与色块⑦+⑧两处浅色梯形阴影所示。全部末端传热炽耗散由以下色块拼合而成：②、④、⑤、⑥、⑦、⑧。

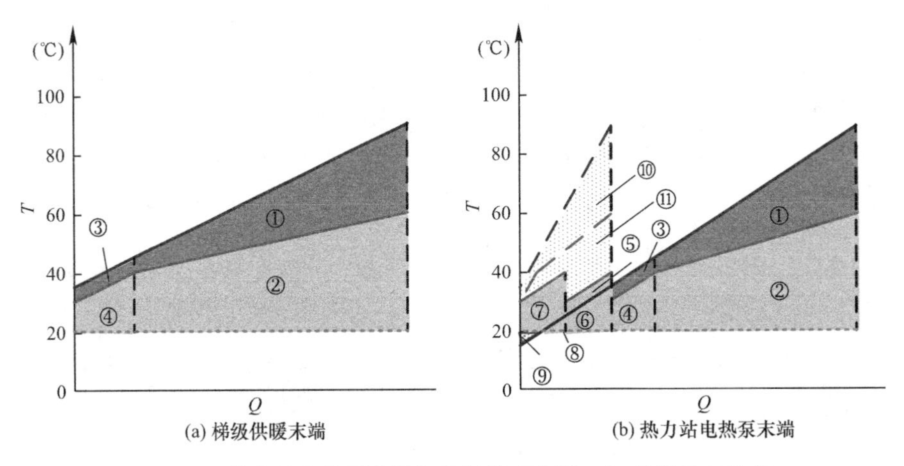

图 6-23　热力站电热泵末端与梯级供暖末端 ΔJ_2 的拆分与比较

相比于梯级末端供暖方式，由于一次侧回水温度降低，输配及末端传热炽耗散 ΔJ_2 减少，减少的数值可由梯级供暖末端情形下的一次侧热水线与该热量区间段内热力站电热泵末端情形下的一次侧热水线（即深色虚线与其正下方的深色实线）之间围合的面积表示，即为色块⑤+⑦+⑨+⑩+⑪。

输配及末端传热炽耗散的减少是由输配炽耗散减少、末端传热炽耗散减少两部分构成。由于图 6-19（d）所示的系统中，电热泵冷凝器侧连接的末端为辐射地板末端，而梯级供暖末端方式的末端包括散热器末端和辐射地板末端两种，因此末端传热炽耗散也有所减少，减少的数值可由色块⑪表示。输配炽耗散减少的数值可表示为色块⑤+⑦+⑨+⑩。若电热泵冷凝器侧连接的末端与梯级供暖末端完全一致，则末端传热炽耗散不发生改变。

总之，热力站电热泵末端是在梯级供暖末端的基础之上，以投入电力为代价，进一步降低回水温度，以减少输配及末端传热炽耗散 ΔJ_2。当电热泵冷凝器连接的末端与梯级供暖方式的末端一致时，不改变末端传热炽耗散 ΔJ_{22}，此时减少的输配炽耗散 ΔJ_{21} 更多，但热泵性能系数较差，因此要相应付出更多的电力；当电热泵冷凝器连接低温辐射末端时，末端传热炽耗散 ΔJ_{22} 亦随之减少，此时减少的输配炽耗散 ΔJ_{21} 更少，但热泵性能系数较优，因此相应只需付出更少的电力。

第 7 章

系统运行调节

前面的章节通过对余热信息调研方法的设计、余热整合工具和方法的建立以及降低一次侧回水温度技术的归纳与分析，完整构建出了可以用于指导低品位工业余热供暖系统设计与优化的方法体系。低品位工业余热供暖系统建立起来后，就需要结合工业生产与集中供暖各自的特点，寻找低品位工业余热在集中供暖系统中的定位，并设计最适合低品位工业余热特点的系统运行调节方法。

本章将从工业生产与集中供暖的自身特点出发，揭示低品位工业余热供暖系统调节问题的实质，从而找出低品位工业余热在集中供暖中应起到的作用和相适应的地位，并阐述适宜的系统运行调节方法。

7.1 低品位工业余热供暖系统调节的实质

7.1.1 工业生产与集中供暖的特点与关系

工业生产系统与集中供暖系统本质上属于两个完全不同且相互独立的系统。在低品位工业余热集中供暖系统中，通过热量的生产、传递与消耗，两者被紧密地联系在一起。

在这样的系统中，工业生产与集中供暖之间存在怎样的关系？从两者内在的特点出发，表 7-1 从两者扮演的角色和地位、主要目标及安全要求、热量特性三个维度对此展开分析及描述。

工业生产与集中供暖的特点与关系 **表 7-1**

	工业生产	关系	集中供暖
角色/地位	热源，提供余热	匹配	热汇，产生热需求，消耗余热
主要目标及安全要求	维持生产工艺指标稳定，散走工艺产生的热量，确保生产安全	不一致	维持用户室温稳定，满足用户用热需求，确保供暖安全
热量特点	余热发生受生产制度安排波动	无关	热需求随室外气象参数变化
	余热发生随偶然因素间断	矛盾	热需求在供暖季内连续变动

从在集中供暖系统中的扮演的角色或所处的地位来看，工业生产系统作为热源，承担提供热量的职责；集中供暖系统作为热汇，由末端热用户消耗热量，只要有配套的管网及输配设施，就可以完成最基本的供暖任务。此外，工业生产过程余热量大，余热品位低；集中供暖过程需热量大，对热量的品位要求也不高，两者是匹配的。

从生产过程的主要目标及安全要求所关注的对象来看，工业生产工艺业已成型，以维持生产工艺重要指标和参数稳定的情况、确保产品的产量和质量为主要目标，需要时刻散走生产过程中产生的余热，确保生产过程的安全；集中供暖作为涉及人民群众生命健康的公用事业，以维持合适的、使人体健康舒适的室温为主要目标，需要满足用户的热需求，确保供暖过程的安全，两者是“各自为政”不一致的。不同于常规的供暖方式，集中供暖系统的末端热用户在这样的系统中也需要承担起对于热源（即工业生产系统）的十分严格的散热任务，因为无法散走原本由工厂冷却设备散走的热量，将直接影响到工艺参数的稳定。

从热量供给和需求的特性来看，工业生产过程产生的余热受到生产制度的安排而必然产生波动，这种波动是人类活动主观造成的；集中供暖的热需求受到室外气象参数的影响而变化，虽然在一天的时间内也会周期性变化，但在漫长的供暖季内甚至不同年份的供暖季之间都难以观察到规律的周期变化，并且气象参数的变化（无论呈现周期性与否）都是自然的客观因素，与工业生产的周期波动毫无关联。另一方面，在极端情况下（例如市场不景气、原材料短缺或者出现生产事故等），余热的发生可能间断；集中供暖的热需求在整个供暖季内却是连续变化的，不会间断，因此两者是矛盾的。

综上所述，尽管工业生产系统能够提供热量，集中供暖系统可以消耗热量，但两者服务的对象不同，生产的目标和安全要求也不一致，热量特性更是无关甚至是相互矛盾的。

7.1.2 工业余热与常规供暖热源的比较

对于集中供暖系统，热电联产和锅炉都是常见的供暖热源。当工业余热也被纳入供暖热源的范畴中来时，工业余热品位更低，且不额外消耗其他化石能源，因此更符合能源利用的“温度对口”原则。但需要对工业余热和常规供暖热源进行比较，才能找准低品位工业余热在集中供暖系统中的定位。

表 7-2 从调节性和产热稳定性两方面展开比较，从表中不难看出，工业余热无论从调节性还是从稳定性上都逊于热电联产和锅炉。

工业余热与常规供暖热源的比较　　表 7-2

	工业余热	热电联产	锅炉
调节性	不具备主动调节的能力，调节性最差	抽汽量可在一定范围内调节，具备一定的调节性	调节性能最强
稳定性	对入口水温要求最高，产热最不稳定	对入口水温有一定的范围要求，产热稳定	对入口水温基本没有要求，产热可稳定

7.1.3 调节问题的实质

基于上述的比较与分析，调节问题的实质可以被归纳为以下两点：

（1）安全性。由于工业余热热源的波动性，甚至不确定的间断性，单纯采用工业余热供暖的安全性远不及热电联产、锅炉等常规供暖热源。此外在低品位工业余热供暖系统中，末端热用户需要承担对热源（即工业生产部门）更严格的散热任务。因此，无论是工业余热热源对于末端热用户，还是末端热用户对于工业余热热源，双方都在保障对方安全性的方面存在难点。

(2) 调节性。相比于热电联产、锅炉等常规供暖热源，工业余热的调节性不佳，不适合在供暖季运行过程中结合末端热需求进行及时、准确地调节，因而单纯采用工业余热进行供暖难以满足整个供暖季的运行调节任务。

因此，工业余热不应该单独地为集中供暖系统提供热量，而应该作配合热电联产、锅炉等具备调节能力的供暖热源一起为城镇集中供暖系统提供热量。

7.2 低品位工业余热供暖系统调节的要求与方法

7.2.1 低品位工业余热在供暖系统中的地位

从前面的分析中可以推论：低品位工业余热的热量在末端热需求中占的比例越低时，安全性越高；低品位工业余热的热量参与末端负荷调节的比例越低时，安全性也越高。但是在这样的推论下，低品位工业余热在集中供暖中所发挥的作用就显得微乎其微了，与缓解供暖热源紧缺、减少冬季供暖燃煤消耗的初衷相违背。

那么，低品位工业余热作为一种重要的热源补充，在整个供暖季究竟应该承担多大比例的末端热需求或者末端负荷呢?

如图 7-1 所示为低品位工业余热供暖系统热负荷延续时间图（省略了横坐标负方向的室外温度），横坐标为供暖小时数，纵坐标为供暖负荷率（实际供暖热负荷与最大供暖热负荷之比）。在分析时忽略低品位工业余热的波动性与间断性，认为在全供暖季保持余热热量的恒定。

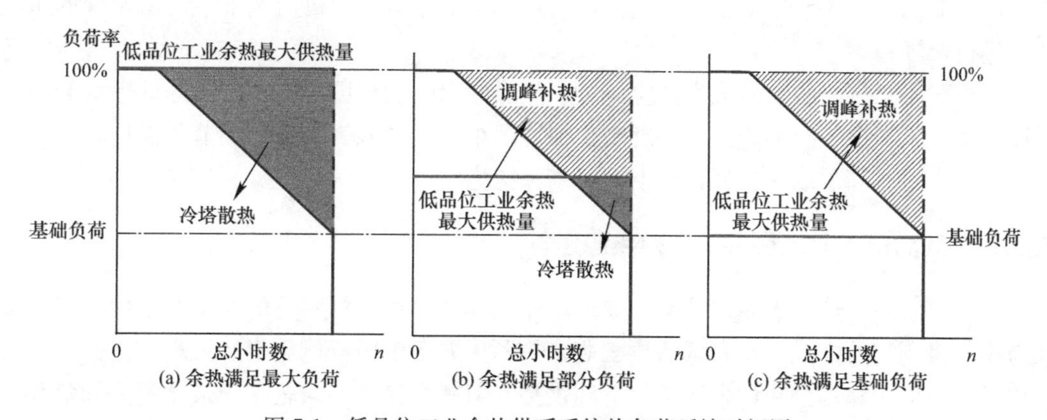

图 7-1 低品位工业余热供暖系统热负荷延续时间图

图 7-1 中低品位工业余热供热量占末端负荷率的比例依次降低。如图 7-1（a）所示，当低品位工业余热的供热量满足末端 100%负荷率对应的热量时，在严寒期极冷天气下不需要额外的热量补充，但是在初寒期和末寒期，需要通过工厂内原有的冷却设备散走多余热量，且外温越高，需要散走的热量越多，散热过程需要调节冷却设备的冷却负荷（例如调节冷却塔风机，控制冷却塔台数等）。如图 7-1（b）所示，当低品位工业余热的供热量满足部分末端负荷率对应的热量时，则在末端需热量高于低品位工业余热供热量时需要其他热源调峰补热，在末端需热量低于低品位工业余热供热量时仍由工厂内原有冷却设备散走多余热量。如图 7-1（c）所示，当低品位工业余热的供热量满足末端基础负荷（一般为

30%～50%的末端负荷率）对应的热量时，则理论上在初寒期和末寒期也不需要散走余热，只需要在外温逐渐降低时，通过调节调峰设备补充热量即可。

图中深色阴影面积与末端最大需热量的乘积表示工厂原有的冷却设备在一个供暖季内散走的热量；浅色斜线与末端最大需热量的乘积表示调峰设备在一个供暖季内补充的热量。图 7-1（a）中深色阴影面积最大，表示在这种情况下大量低品位工业余热在供暖季内被散走，因此余热回收量最低；图 7-1（c）中不存在深色阴影，表示在这种情况下所有低品位工业余热在供暖季全部被回收并用于集中供暖，因此余热回收量最高。

此外，在图 7-1（a）和图 7-1（b）所示的情况下，工厂必须根据外温变化时刻调节冷却设备，以散走多余的热量。在实际低品位工业余热供暖的工程中，这样粗放且具有明显滞后性的调节方式不仅难以保证供暖质量，更会影响工业部门自身的正常生产，是不能为工业部门所接受的。

综上所述，低品位工业余热在集中供暖系统中，只应承担末端基础负荷的供暖需求，即满足 30%～50%的末端负荷率。当低品位工业余热直接并入城镇集中供暖热网时，其供热量比例应占全部热量的 50%以下；当低品位工业余热与锅炉等构成一个独立的集中供暖系统时，低品位工业余热只承担 30%～50%的末端负荷率，由锅炉负责逐时调峰。

7.2.2 低品位工业余热供暖系统调节的方法

基于以上分析，可以确定适用于低品位工业余热供暖系统的调节方式：

（1）低品位工业余热承担基础负荷，余热热源不参与末端负荷调节，而由常规的供暖热源进行调峰；

（2）对于工厂内的取热流程，应保持取热热网水的流量恒定。在已经降低一次侧回水温度的情况下，全工况下的回水温度变化幅度很小。这样取热流程各环节的温度、流量参数几乎恒定，有利于取热过程在整个供暖季保持稳定。

7.2.3 低品位工业余热供暖多种热源运行

低品位工业余热由于品位较低，如果用作回收动力的投资效益的经济竞争性较差，必须考虑直接利用的方式。现有低品位工业余热利用方案多用于优化生产流程，提高产能比和用于工业厂房和办公和宿舍区域的空调供暖。但其中最大的问题在于余热资源和负荷的不匹配，工业生产过程中产生的低品位工业余热量远远大于工艺流程所需热量以及厂区建筑冷热负荷，大量余热直接排到环境中，造成能源浪费和环境污染。因此必须开发新的余热利用用户，为低品位工业余热的利用寻求合理的对象。而目前随着北方城市规模的扩大，城市供热需求为低品位工业余热利用开辟了一个全新的应用领域。但是低品位工业余热供热与其他供热热源不同，对回水温度有一定的要求，根据低品位工业余热的特性越到严寒期出力越少，余热热源越不稳定，对整改供热热网运行十分不利，所以低品位工业余热单独作为供热热源是不可行的，需用其他方式来补充，多种热源共同运行，以增加热网的稳定性。下文主要介绍单一热源的调峰、多热源的并网运行、应用第二类吸收式热泵对余热进行品位的提升。

(1) 单一余热热源，增加调峰热源

低品位工业余热作为重要补充和热电厂以及锅炉房一起并入城市热网为城市集中供热提供热源。低品位工业余热的利用与生产工艺过程紧密相关，需要在特定的条件下才能实现。且工业生产过程产出较为稳定，在不影响工厂工艺生产的前提下，余热取热量也比较稳定，受室外温度和其他参数的影响较小。而城市建筑供暖负荷对室外参数的影响较大。因此在低品位工业余热应用的实际运行中，需要考虑与其他热源形式配合起来提供热源。具体的操作方式可以是，由低品位工业余热提供整个供暖季（初寒和末寒期）的基础负荷，而由其他热源如锅炉房等，提供高寒期的供热负荷调峰。这样既可以最大程度地利用低品位工业余热，同时也更有效地利用其他热源提供的高品位热源进行调峰，实现不同品位能源的阶梯型有效综合利用。

某地采用这种低品位工业余热利用方法，并根据历史气象数据制定控制时间表，按照时间予以调峰，对于突发性极冷天气，可临时提前开启调峰。制定供热调节时间表见表7-3。

供热调节时间表 **表7-3**

负荷率	供热热源	供热量（MW）	供水温度（℃）	参考运行时间段	累计天数
60%	部分低品位工业余热	120	85	11月15日～12月20日 2月5日～3月14日	31
70%	部分低品位工业余热	140	85	12月21日～12月31日 1月27日～2月4日	24
80%	全部低品位工业余热＋蒸汽尖峰加热	160	89	1月1日～1月6日 1月19日～1月26日	29
90%	全部低品位工业余热＋蒸汽尖峰加热	180	95	1月7日～1月9日 1月15日～1月18日	21
100%	全部低品位工业余热＋蒸汽尖峰加热	200	100	1月10日～1月14日	15

(2) 余热热源出力不高，多热源并网运行

利用低品位工业余热供热的系统中，低品位工业余热热源在保证其主要生产目标的同时，承担了保障民生的供热任务。因此，低品位工业余热热源与热用户之间是相互矛盾、相互协调的关系。由于工厂的低品位工业余热量受工业生产的影响，产品产量随市场需求而波动。此时，工厂产生的余热热量、温度均会随之变化。与之相对，用户的热负荷是随天气变化的。工厂的余热供给与用户的热需求之间不匹配。若工厂作为独立热源，为一定区域的热用户供热。为了保证供热安全，需要有协调机制和调节手段，使得余热热源的供热参数与供热量的变化与用户热负荷的变化互相协同。低品位工业余热源如化工厂、钢铁厂、水泥厂等，这些工业企业的主要任务是工业生产，它们的余热热量、温度等受生产工艺的影响，具有随机的间断性、不可避免的波动性及不稳定性。

低品位工业余热热源应与城市大热网相连，与其他热源相互协调、互通有无。首先，与大热网相连可以利用热网巨大的热惯性平抑低品位工业余热量的随机波动；其次，不同生产工艺的低品位工业余热其供热能力波动特征互不相同，它们互相联网可实现供热能力互补，平抑供热能力波动。

低品位工业余热热源与热网相连后可提高供热安全性。由于单个低品位工业余热热源占联网热源总供热能力比例较低，因此在某个热源由于检修、事故、生产计划等原因导致其供热能力短期内减少或缺失的情况下，对用户的供热体验影响较小；其次，可调度其他联网热源弥补该热源的缺失。

多种热源连接到一张热网需进行合理配置与调度。低品位工业余热承担供热基本负荷，并采取“以产定热”模式运行，即供热量服从工业生产，随生产的改变而变化。热电联产也同样承担供热的基本负荷，但相对于低品位工业余热利用而言，热电联产在供热工艺上更加灵活和完善。热电厂采取热电协同模式运行，过剩的热量可以转化为电，在发电方面各电厂之间通过电网相互支撑，为单个电厂变工况应对供热调节创造了条件，能够在一定程度上为低品位工业余热调峰。最终作为共同承担供热基本负荷的低品位工业余热和热电厂余热，在初末寒期热网优先调度供热成本低、效率高的余热。

利用低品位工业余热供热系统中，由于工业生产和城市供热需求之间存在矛盾，单一余热热源无法直接用于城市集中供热。因此，多热源联网协同供热是利用低品位工业余热供热系统的必然形式。多种不同的低品位工业余热热源、热电联产及调峰热源连接到一张热网上可实现各热源间互为补充、互通有无、相互协调，实现城市可靠供热和工厂的灵活性生产与有效冷却。对联网热源进行合理地配置和调度可充分发挥不同热源各自的优势，实现整个大热网的高效、经济、协同运行。

（3）多余热热源，用第二类吸收式热泵统一供热参数

工业生产中存在大量略高于环境温度的余热（30～40℃），其品位相对较低，不能够以直接换热的方式利用，热泵类技术可以回收此类余热。吸收型热泵分为第一类吸收式热泵和第二类吸收式热泵两种类型。

第一类吸收式热泵也称增热型热泵，既利用高温驱动热源（如蒸汽、烟气或高温热水）把低温热能提高到中温可用热能，从而提高了热能的利用效率，第一类吸收式热泵的性能系数 *COP* 大于 1，一般为 1.5～2.5。第二类吸收式热泵也称升温型热泵，是利用大量的中温热能产生部分高温有用能，从而提高了热能的利用品位。第二类吸收式热泵的性能系数 *COP* 总是小于 1，一般为 0.4～0.5。

第二类吸收式热泵（简称：AHPⅡ）能有效地利用 60～120℃的余热作热源产生高品位的有用热，而不需另外的热源驱动。因此运用第二类吸收式热泵回收低品位工业余热是节能十分有效的手段。AHPⅡ以中温余热为驱动热源，使余热的一部分热能被提高品位，供用户使用，另一部分热能被放至低温热源或环境，因此，AHPⅡ是用余热本身制取温度高于余热温度的热水或蒸汽。它不需另外的高品位的热能或电能驱动。

第 8 章

工 程 案 例

本章介绍低品位工业余热集中供暖的工程实践。赤峰金剑铜厂低品位工业余热应用于城镇集中供暖示范工程是国内首个成功运行的铜厂余热集中供暖案例。从对余热调研、采集技术的选择、余热取热流程的设计、降低一次侧回水温度技术的应用、调峰及备用热源的配备等方面对工程案例进行详细介绍，并基于测试数据展示了该工程案例的运行效果和取得的综合效益，从而验证了各个关键问题在低品位工业余热集中供暖实践中的重要性及相应技术方法的可行性。

8.1 工程概况

8.1.1 工程所在地概况及供暖现状

赤峰市是内蒙古自治区东部的中心城市，地处中温带半干旱大陆性季风气候区，冬季漫长而寒冷。全年供暖季长达 6 个月（10 月 15 日～次年 4 月 15 日）。最冷月（1 月）平均气温为－10℃，极端最低温度－27℃。

自 20 世纪 80 年代建市以来，城市发展很快。20 世纪 80 年代初期城市集中供暖面积仅为 100 万 m^2，至 2012 年已发展至约 2280 万 m^2。根据 2012 年的《赤峰市城市总体规划》，中心城区每年新增供暖面积 300 万～400 万 m^2。

中心城区热源主要包括：京能（赤峰）能源发展有限公司、赤峰热电厂有限责任公司（A、B 两厂）、赤峰富龙热电厂有限责任公司、赤峰制药股份有限公司等五家热电联产单位，总计最大供热能力 1156MW，仅约合 2312 万 m^2。赤峰中心城区面临巨大的供暖热源缺口，尤其中心城区西南部的小新地组团（图 8-1）正在加大开发力度。但本工程实施前小新地没有任何热源或规划热源，且当时热网管径输送能力也无法满足该地的供暖负荷，因此在此区域内建设一个新的热源势在必行。表 8-1 为小新地组团 2013～2017 年的供暖发展规划。

赤峰市金剑铜厂距小新地组团最近距离仅 3km，由于工业生产需要，存在大量的低品位工业余热无法直接就地利用，只能排放到环境中，造成能源浪费和环境污染。金剑铜厂年产粗铜 10 万 t，工业硫酸近 30 万 t，且冬夏产量差异不大。每年全厂检修时间大致安排在七、八月，检修时间约 1 个月。铜厂采用的工艺流程为典型的火法冶炼工艺，可参照第 3 章图 3-9。年耗燃煤折算标煤 6 万 t，焦炭 16000t，耗电近 2 亿 kWh。该厂相距最近的居民区直线距离为 3km。

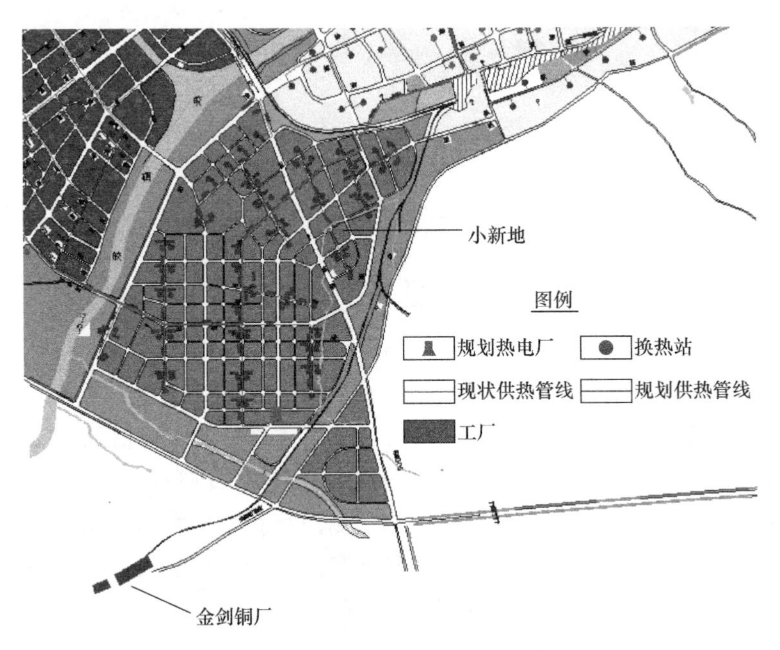

图 8-1　小新地组团及附近的金剑铜厂

小新地组团 2013～2017 年供暖发展规划　　表 8-1

末端类型	吸收式末端为主，少量电热泵末端、辐射散热器末端			
一次侧回水温度（℃）	20			
一次侧供水温度（℃）	120			
供热量指标（W/m^2）	50			
供暖面积（万 m^2）	2013～2014 年供暖季	2014～2015 年供暖季	2015～2016 年供暖季	2016～2017 年供暖季
	30	180	250	350

图 8-2 所示金剑铜厂厂区平面与余热分布，厂区东侧为电解铜车间，西侧聚集了炼铜、制酸、余热发电等工艺部门。其中炼铜工艺所包含的熔炼、吹炼等工序散布于厂区西侧一条狭长地带的南北两向，熔炼工序位于北侧，吹炼工序位于南侧。制酸主体工艺相对集中于南侧，但在厂区西南侧有一处空压机冷却循环水。余热发电主体工艺位于制酸工艺北侧。

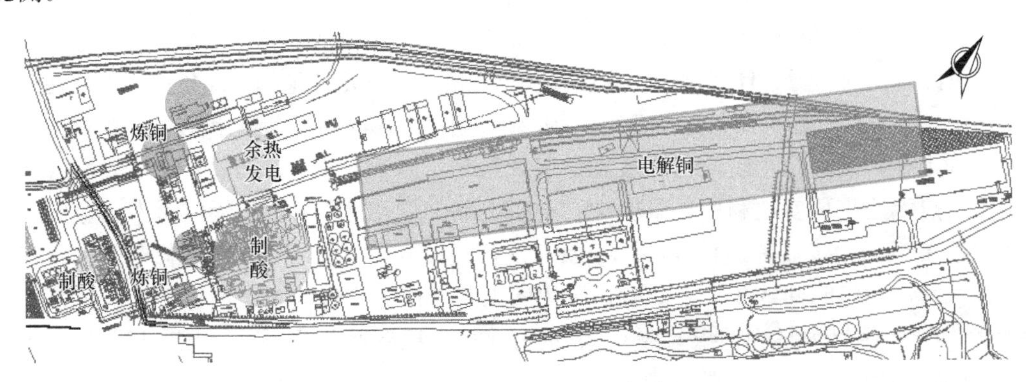

图 8-2　金剑铜厂厂区平面与余热分布

8.1.2　工程项目进度总览

本工程案例的实施进度如图 8-3 所示。

项目于 2010 年开始，当年 10 月对金剑铜厂低品位工业余热资源进行了实地调研。2012 年 9 月起开始一期工程施工，一期工程于 2013 年 1 月施工完毕。至 2013 年 4 月完成首个供暖季的实践。其后对工程进行完善，将设计中要求回收的低品位工业余热悉数回收，完成了 2013～2014 年供暖季的供暖任务。在这两个供暖季回收的低品位工业余热热量大于小新地的热需求，因此低品位工业余热实际也为小新地附近的松山区热用户进行供暖。

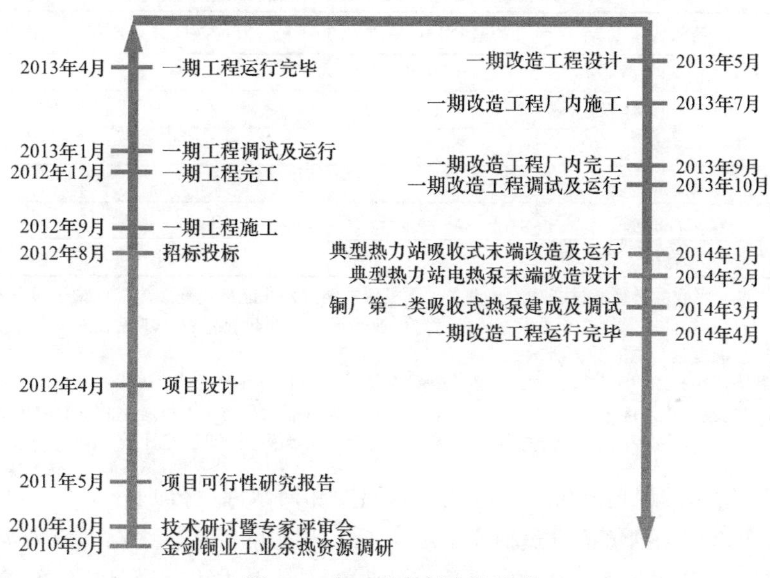

图 8-3　本工程案例实施进度

在低品位工业余热供暖的整体规划与设计方案下，为了降低一次侧回水温度，清华大学建筑节能研究中心的谢晓云团队于 2014 年 1 月在松山区的松山法院热力站内进行了吸收式末端改造（图 8-4），该热力站的一次侧回水温度保持在 25℃左右；此外，对万达广

图 8-4　松山法院热力站的立式多级吸收式热泵

场某热力站进行了电热泵末端的设计，其原理图可参见第 6 章的图 6-19（d），该热力站的一次侧回水温度可以低于 15℃。

8.2 示范工程整体设计

金剑铜厂主要余热，其中可利用性较高的低品位工业余热资源的热量与品位信息如表 8-2 所示，所有余热（包括蒸汽）总计 79.0MW。

金剑铜厂可利用性较高的低品位工业余热资源的热量与品位　　表 8-2

热源序号	热源名称	热流率（MW）	被冷却前温度（℃）	被冷却后温度（℃）
①	奥炉炉壁冷却循环水	20	40	30
②	稀酸冷却循环水	10	40	30
③	干燥酸[a]	9	65（50）	45（30）
④	吸收酸[a]	24	95（70）	75（50）
⑤	奥炉冲渣水[b]	9	90	70
⑥	蒸汽[c]	7	150	150

注：[a]由于干燥酸、吸收酸必须通过特殊冷却设备（阳极保护装置）才能被安全冷却，特殊冷却设备的换热面积受到初投资与场地空间的限制往往不大，因此考虑该换热设备的换热温差后，热源品位出现较显著的降低，如被冷却前/后温度括号内的数值所示。

[b]奥炉（即冶炼炉）冲渣水作为末端环节的余热，从工艺要求看被冷却后的温度没有严格上限要求，但受到最大循环水量的制约不可能太高，设计中取 70℃；另外，闪蒸蒸汽与池面不可避免的蒸发散热都已经被考虑。

[c]蒸汽为铜厂内余热锅炉产生，考虑到使用过程中减温减压，温度按照 150℃计。

依据表 8-1 所示的规划分析，一次侧供水温度和回水温度分别为 120℃和 20℃，则当低品位工业余热承担基础负荷（负荷率 50%）时，理想的工厂供水温度应为 70℃。

采用夹点法，回收全部余热时供水温度约为 60℃，基本可以满足热网的参数要求，如图 8-5（a）所示。干燥酸、吸收酸余热采集过程中，为了保证热网安全，需要增加一级板式换热器将浓酸生产冷却系统与热网系统分隔开，增加换热级数降低了热源的品位（图中热源③、④下方的虚线所示）。同样，热源⑤下方的虚线表示冲渣水换热器的换热温差导致的冲渣水热源品位的下降。

具体的取热流程为：一次侧回水进入铜厂后，先回收干燥酸余热，再分成两股并联回收奥炉炉壁循环水与稀酸冷却循环水余热，汇合后再依次串联回收吸收酸、奥炉冲渣水和蒸汽的热量，流程中的温度及流量参数如图 8-5（b）所示。

考虑到小新地供暖负荷逐步增长的事实，工程运行初期低品位工业余热负责的区域主要是常规的辐射散热器末端，回水温度相对较高，取热流程应在上述低温回水的基础上有所变动，既能满足工程初期的运行，又可以使得厂区内的取热管路及设备经由扩建最终满足低温回水时的工况。因此设计出图 8-6（a）所示的一次侧回水 45℃时的取热流程，该流程串联回收热量较大的吸收酸余热和冲渣水余热，并以蒸汽型第一类吸收式热泵（图 8-7 中的小图①）回收部分干燥酸余热，提高余热回收率的同时也提升了供水温度。该取热流程下，设计余热回收量为 45.0MW，供水温度为 82.5℃。实际示范工程中为了避免复杂的管路在厂区内来回穿行，采取并联回收吸收酸、奥炉冲渣水余热的方式，且考虑到冲渣水池周围有限的空间限制了冲渣水余热回收装置的安装面积，因此冲渣水余热回收装置出口水温设计为 70℃，如图 8-6（b）所示。实际流程供水温度近 74℃，比设计流程的供水温度低约 8℃。

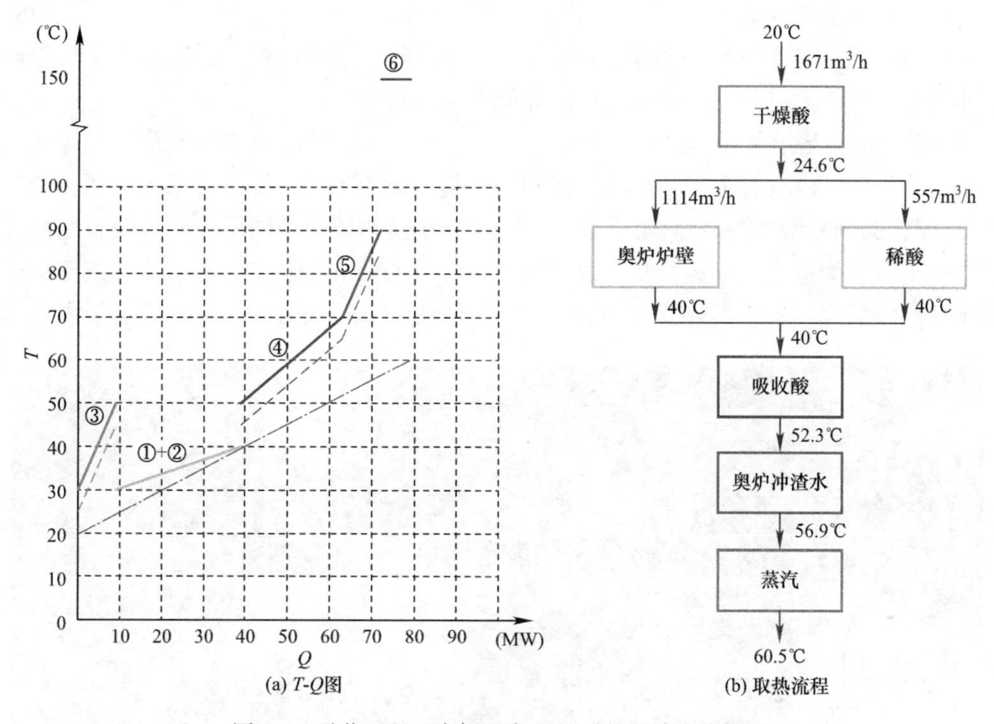

(a) T-Q图　(b) 取热流程

图 8-5　示范工程一次侧回水 20℃时的设计取热流程

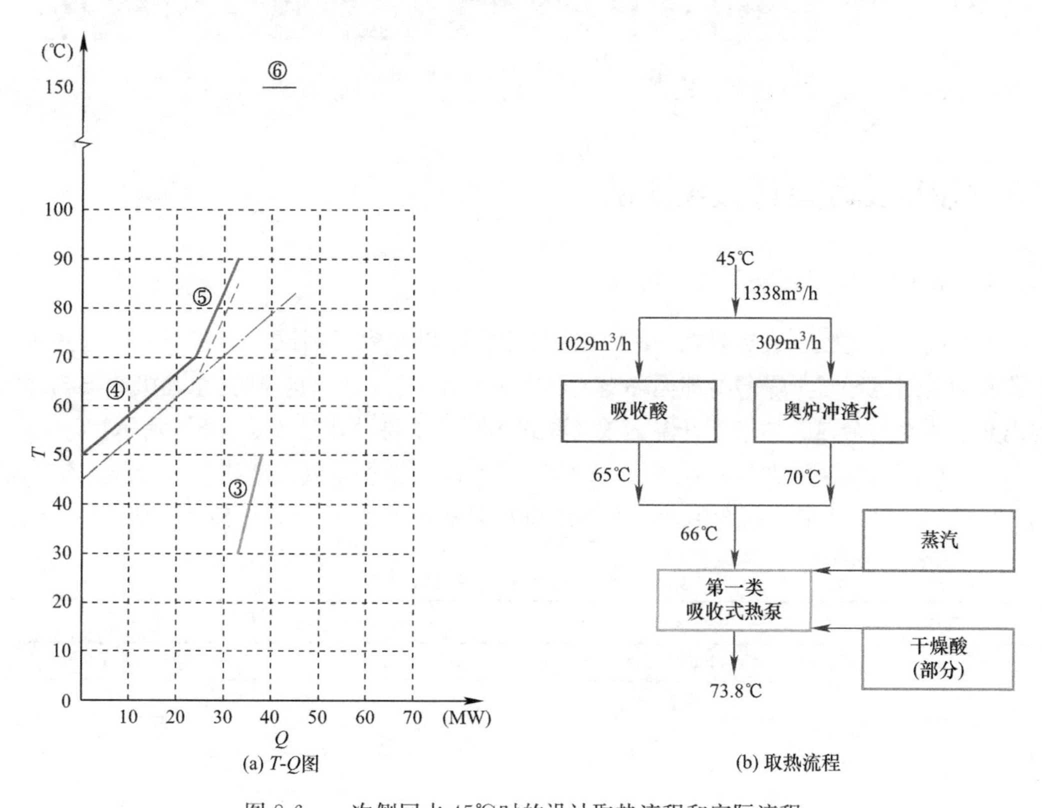

(a) T-Q图　(b) 取热流程

图 8-6　一次侧回水 45℃时的设计取热流程和实际流程

为了满足调峰需要且保证供暖安全可靠，示范工程在距离铜厂约 500m 处建立了首站，首站内安装了两台 29MW 天然气锅炉（图 8-7 中的小图④），作为调峰与备用热源。首站内的中央控制室（图 8-7 中的小图⑤）既可以控制天然气锅炉、循环水泵的启停与调节，亦能监测系统运行状态，自动记录并存储重要运行参数。

图 8-7 展示的是示范工程的现场照片。其中，小图①为铜厂内安装的第一类吸收式热泵；小图②为铜厂内具有远传功能的传感器（包括电磁流量计、温度传感器、压力传感器等）；小图③为用于吸收酸、干燥酸余热回收的酸-水换热器；小图④为调峰及备用的天然气锅炉；小图⑤为监测工程运行状态及存储运行参数的中央控制室；小图⑥为用于奥炉冲渣水余热回收的螺旋扁管换热器；小图⑦为用于吸收酸、干燥酸余热回收的水-水换热器。

图 8-7　示范工程现场照片

8.3　示范工程运行效果测试

8.3.1　铜厂内吸收式热泵运行情况

铜厂内第一类吸收式热泵在 2014 年 3 月完成建设并完成调试，饱和蒸汽进入热泵发生器驱动机组运行，干燥酸冷却循环水余热在蒸发器内得以回收，热网水在吸收器与冷凝器内获得蒸汽与余热的热量而升温。该吸收式热泵的主要设计参数如表 8-3 所示。

调试期间对热泵的性能系数 *COP* 及蒸发器出口水温等重要参数进行了测试，结果如图 8-8 所示。图 8-8 中可以看出，蒸发器出口水温基本控制在 30℃左右，可以满足干燥酸

第一类吸收式热泵主要设计参数　　**表 8-3**

部件	参数	设计值	单位
发生器	入口蒸汽压力	0.5	MPa
	热量	5000	kW
蒸发器	入口水温	40	℃
	出口水温	30	℃
	热量	7000	kW

续表

部件	参数	设计值	单位
吸收器/冷凝器	入口水温	66	℃
	出口水温	73	℃
	热量	12000	kW

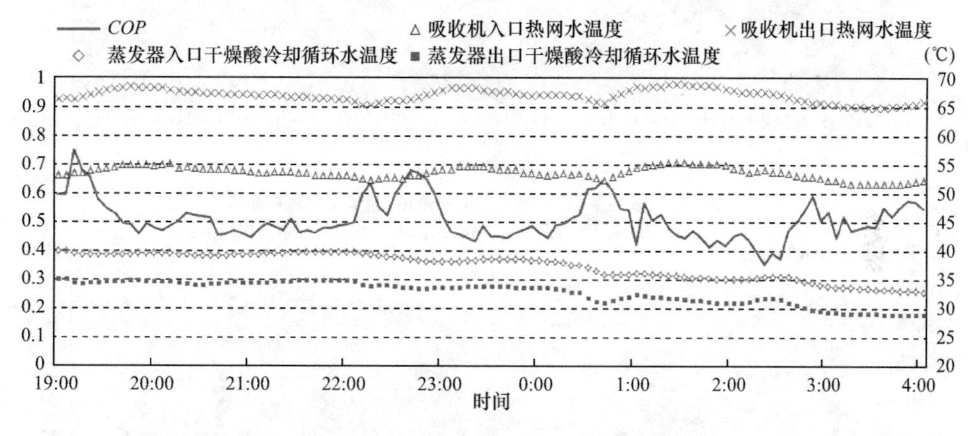

图 8-8　铜厂吸收式热泵试运行情况

冷却的工艺要求。试运行期间处于供暖的末寒期，一次侧回水温度偏低，仅为 55℃左右；吸收式热泵冷凝器出口的热网水温度约为 65～70℃。吸收式热泵的 *COP* 未达到设计值 0.7，约为 0.5～0.6，经调查发现主要是由于蒸汽在输送过程中压损较大，导致发生器入口蒸汽压力及温度均远低于设计值。

8.3.2　低品位工业余热取热系统运行情况

图 8-9 所示为 2013～2014 年供暖季 1 月严寒期两个典型周内低品位工业余热取热系统的运行情况，包括余热回收量及系统的供、回水温度。

其中，图 8-9（a）为 2014 年 1 月 3～9 日的运行情况。低品位工业余热回收量平均值为 22566kW。图中明显可以观察到由于铜厂生产周期性安排带来的余热回收量周期性波动，余热回收量最大值为 30217kW，最小值为 10983kW。由于铜厂产量相比于设计阶段明显减少，余热回收量最大值为设计值的 90%左右。低品位工业余热取热系统的供水温度随着余热回收量的周期性波动而频繁升降，两者之间呈现显著的同步性。热网及用户巨大的热惯性使得回水温度基本稳定维持在 45～49℃之间。

图 8-9（b）为 2014 年 1 月 23～29 日的运行情况。低品位工业余热回收量平均值仅有 17136kW，这是由于其间铜厂停产两次（23 日与 26 日），停产时余热量几乎为零。26 日铜厂停产后，一台天然气锅炉启动，补充了 12MW 的热量，满足大约一半的热量需求，以保证末端用户的安全。停产一天半的时间里，一次侧回水温度降低至 40℃以下；随着产量的恢复正常，回水温度迅速回升至 45℃。

8.3.3　末端用户室温

在示范工程的供热区域内选择 9 个具有代表性的住宅用户作为测试对象，监测用户室

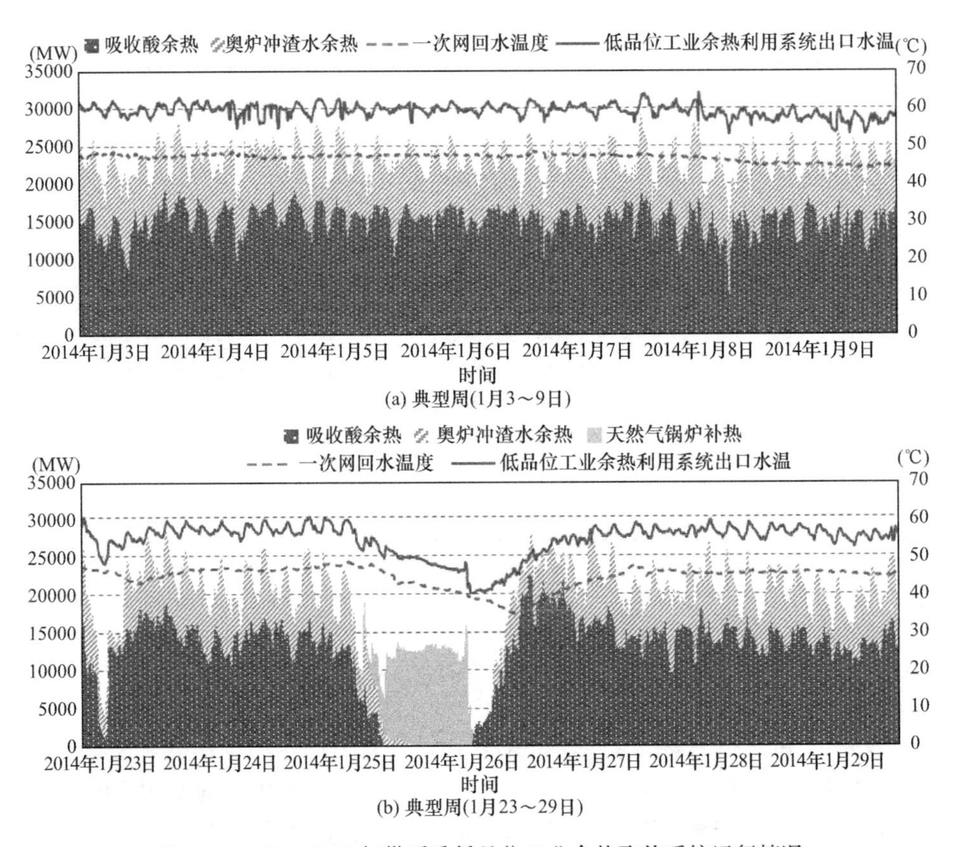

图 8-9　2013～2014 年供暖季低品位工业余热取热系统运行情况

内温度，进而分析低品位工业余热供暖的效果。图 8-10 所示为 2013～2014 年供暖季严寒期典型末端用户室温。可以看出：

（1）所有用户室温都没有出现类似铜厂余热的周期波动性；

（2）对于非保温建筑，绝大多数用户室温均高于 20℃，满足人员舒适性要求；而保温建筑的用户室温甚至高于 25℃，过量供热明显；

（3）个别非保温建筑的底层用户由于耗热量大而出现短时间室温低于 18℃的情况，出现几率小，持续时间短，对用户的舒适性影响微弱；

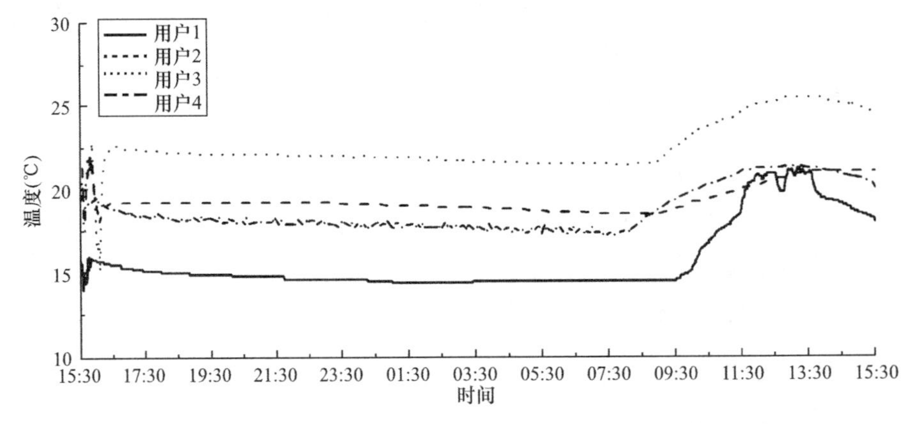

图 8-10　末端用户室温

总体来看，低品位工业余热供暖的效果是良好的，可以满足供暖的要求。

8.4　示范工程综合效益

8.4.1　社会效益

项目的实施填补了小新地及松山区100多万平方米的供暖缺口，有效缓解了赤峰市中心城区热源紧张的局面。同时本示范工程也为我国北方地区集中供暖提供了新的途径与解决方案。

8.4.2　经济效益

相比于新建区域锅炉房或热电联产项目，本项目具有更为理想的经济性。2012～2013年供暖季运行的3个月内共计回收低品位工业余热9.2万GJ，实现收入195.8万元。2013～2014年供暖季运行的6个月内共计回收低品位工业余热39万GJ，实现收入828.2万元。该项目的投资总额约6000万元（不包括天然气锅炉房及铜厂外的管网），按照2013～2014年供暖季的收入计算，考虑人员工资、水泵输配电费等运行费用（约400万元/年），静态回收期约为15年。由于绝大多数末端仍为辐射散热器，一次侧回水温度远高于设计值，导致大量低温余热无法回收；当回水温度满足设计要求的20℃时，示范工程的回收期可以缩短至10年左右，经济性分析如表8-4所示。

示范工程经济性分析　　表8-4

支出		收入	
1. 初投资	万元	收入	万元/年
设备购买[a]	3637.0	热价[e]	1739
设备安装	1661		
其他[b]	706		
2. 运行费用	万元/年		
人员工资	274		
电费[c]	452		
蒸汽费用[d]	414		
静态回收期（年）：(36.37＋16.61＋7.06）/(17.39－2.74－4.52－4.14）≈10			

注：[a]包括铜厂内的余热采集设备、管道、阀门及监控设备，燃气锅炉及铜厂外的管网未计入（即使没有低品位工业余热供暖项目，投资也必须）。

[b]主要包括工程勘察、设计、建设监理、材料编制等服务费用。

[c]综合电价为0.51元/kW·h。

[d]收购铜厂蒸汽的费用为38元/GJ。

[e]热价按20元/GJ计算，考虑余热的波动特性，余热平均值为设计值79MW的70%左右，即为55MW。

8.4.3　环境效益

项目运行期间，一方面减少了常规热源供暖过程中化石能源燃烧产生的二氧化碳及其他污染物的排放，另一方面原本铜厂内冷却塔蒸发散热导致的水耗也由于余热的利用而避免，节能减排效益明显，如表8-5所示。

示范项目节能减排量 **表 8-5**

年份	运行天数 (d)	节约标煤量[a] (t)	CO_2 减排 (t)	SO_2 减排 (t)	NO_x 减排 (t)	节水 (t)
2012～2013 年	91	3416	8223	27	23	36840
2013～2014 年	183	13300	34857	113	98	156160
总计	274	16716	43080	140	121	193000

注：[a] 锅炉效率按照 92%计算。

第 9 章

工业余热清洁供暖展望

随着科学技术的不断发展进步，工业余热的利用方式也日益增多，在诸多的工业余热利用形式中，除前文所讲述的五大类高耗能工业企业中对其工业企业自身存在的余热进行回收并利用外，还有一些典型的技术将在本章进行简要介绍。

9.1 其他工业余热技术

9.1.1 太阳能储热技术

太阳能储能蓄热技术，主要分为低温太阳能储能蓄热和中高温太阳能储能蓄热。低温太阳能储能蓄热技术的应用主要体现在建筑供暖、太阳能热水系统、太阳能热泵和制冷等方面的应用；中高温太阳能储能蓄热的应用主要体现在太阳能热电的应用中。

目前国内开展的相关研究主要集中在对新型储热材料的开发和性质研究上，例如清华大学和中国科学技术大学对定性相变材料已经进行了十余年的研究，江亿、杨秀等人对清华大学超低能耗示范建筑进行了综合节能技术介绍。上海交通大学，东南大学等单位还对利用除湿溶液将太阳能转变为空调除湿与供热能力的太阳能热能蓄存方法进行了研究，利用浓溶液蓄存空调供热能力不存在环境温差热损失，便于长距离输送，是实现高密度蓄存太阳能热能的有效方法。中国科学院电工研究所等单位纷纷开展低温相变蓄热材料、低熔点合金、熔融盐传热蓄热材料、合金及陶瓷类高温储热材料等各类相变储热技术，虽然已经取得了一定有价值的技术成果，但是距离大规模实际应用还有很长的路要走。另外，国内许多单位在区域供热系统设计以及供热管网优化等方面的研究，都具有多年的研究基础。可以开展中小规模的建筑供暖短期蓄热需求，甚至跨季节长周期储热供暖工程项目。

太阳能储热系统既可以应用于短期储热，也可用于跨季节储热，跨季节储热技术可有效解决能源供需在时间、空间上的不匹配，特别是搭配太阳能系统，可以有效避免太阳能的间歇性缺点（图 9-1）。

除利用太阳能单独进行供热外，还可以通过太阳能集热系统、工业余热进行联合供热，太阳能地埋管跨季节储热，通过跨季节储热对太阳能进行整合，用于城市集中供热，是一条具有规模化推广前景的技术路线。

太阳能热储存技术是一项复杂的技术，无论从技术层面和投资成本来看，太阳能热储

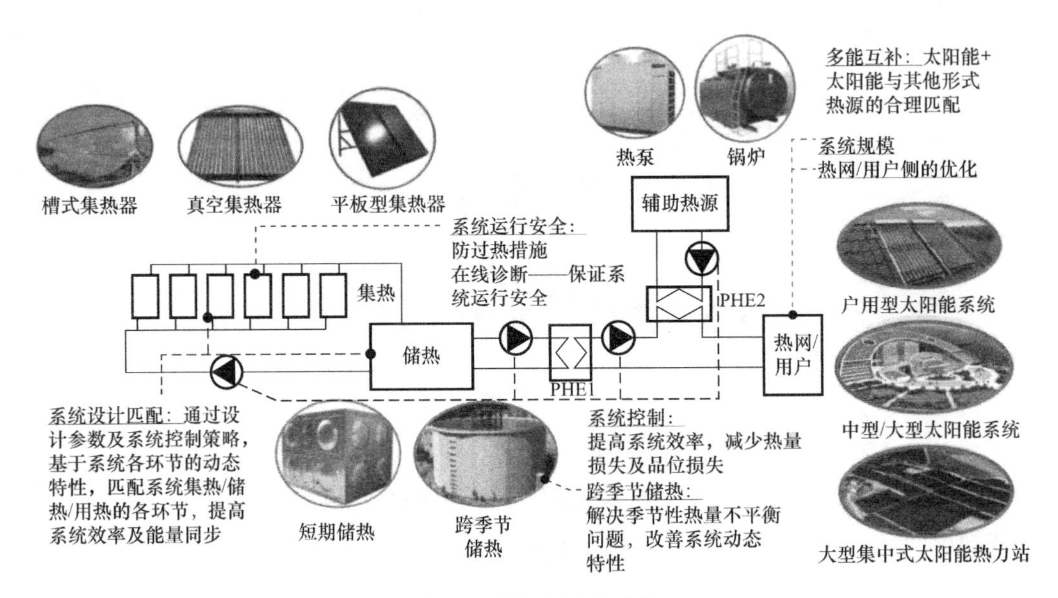

图 9-1 太阳能储热系统

存技术都是太阳能利用中的关键环节。从现有的研究来看，显热储存研究比较成熟，已经发展到商业开发水平，但由于显热储能密度低，储热装置体积庞大，有一定局限性。化学反应储热虽然具有很多优点，但化学反应过程复杂、有时需催化剂、有一定的安全性要求、一次性投资较大及整体效率仍较低等困难，只处于小规模实验阶段，在大规模应用之前仍有许多问题需要解决。太阳能跨季节储热供暖系统需要规模化应用，初投资较高，因此需要国家一定的政策及资金扶持，单纯依靠商业化推广存在较大难度。另外，跨季节储热存在规模门槛，必须达到一定的规模才能保证合理的储热效率。目前太阳能跨季节储热供暖系统规模化应用的示范系统较少，缺少可参考的设计参数、运行参数，工程前期从规划、设计到施工存在较高的技术难度，工程的运行调节监控都需要很强的专业化技术人员操控。因此系统整体对技术的要求高，大规模推广还较为困难，以示范应用为主。

9.1.2 烟气余热回收技术

烟气余热回收技术包括燃气烟气余热回收与燃煤烟气余热回收两种类型，近年来均有成熟的设备与系统应用。例如时国华、赵玺灵等人对天然气烟气余热回收技术进行了研究，系统分析了间壁式换热、热管换热、喷淋+热泵换热和烟气梯级换热（“三塔”换热）4 种天然气烟气余热回收技术，阐述了每种技术的应用路线和研究现状，定性对比分析了 4 种余热回收技术的优点和局限性，并在同一运行条件下对其余热回收能力及经济性进行了定量比较。赵青等人从低温烟气余热回收的角度出发，分析了低温烟气余热回收的现状，介绍了现状下不同技术路线烟气余热回收的原理。以喷淋换热低温烟气余热回收供热技术为例，结合实际工程案例，分析了实际运行数据。

目前在制造业中，以钢铁厂为例，高炉烟气、煤气均通过余热发电的形式进行利用，利用过后排放的烟气温度依然可以回收进行余热供暖，无论是工业中，还是燃煤、燃气锅炉，其烟气回收技术大致相同，因此本节将介绍燃气锅炉烟气回收技术。

天然气的主要成分为甲烷（CH_4），烟气中含有大量水蒸气，目前天然气供热系统排烟温度普遍较高（一般80～100℃），烟气余热回收潜力巨大。通过降低排烟温度、充分回收烟气余热（显热+潜热），可实现能源利用效率的大幅提高。

常规的烟气余热回收技术包括利用热网回水与烟气换热、利用空气与烟气换热，或者采用二者组合的方式。

通过图9-2的烟气余热回收系统进行烟气余热回收，强化了燃烧，降低了锅炉自身的不完全燃烧量，大大提高了热效率，主要原因热损失较大的一项就是锅炉排烟，通过烟气余热回收热量，可与其他热源联合进行城镇集中供暖，可大大提高能源利用效率，节能减排效果显著，并且有很大的经济性。但在余热回收过程中，对换热装置的要求较高，因为烟气中含有SO_2等腐蚀性气体，会对换热装置表面进行腐蚀，直接影响换热装置使用寿命，进而影响系统运行稳定性。

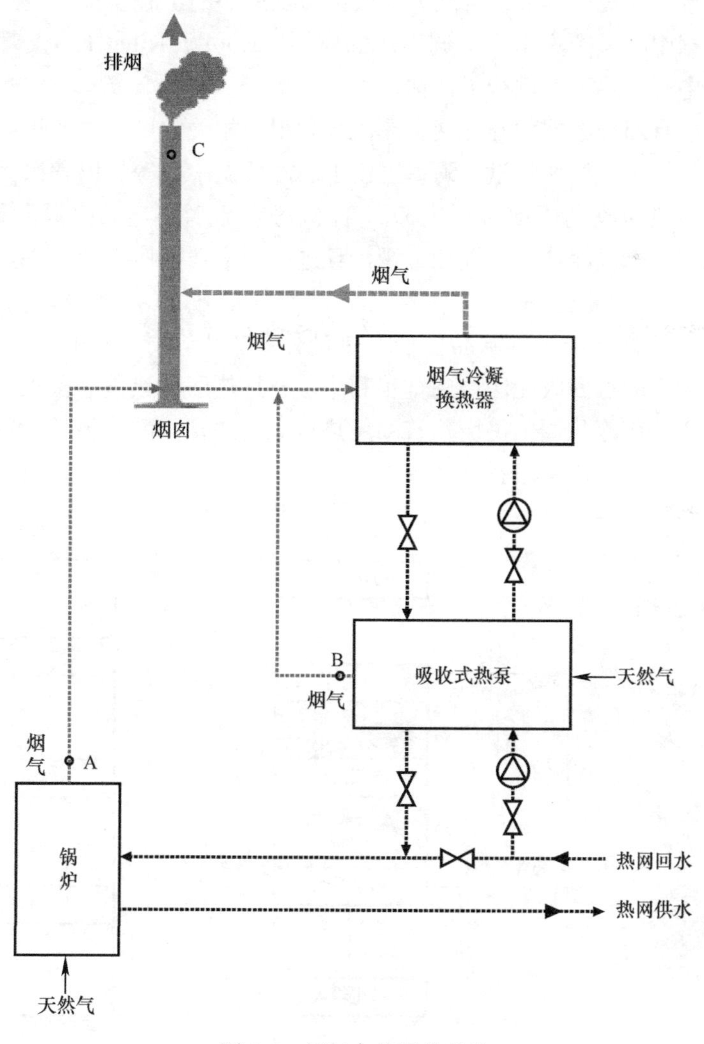

图9-2　烟气余热回收系统

余热回收系统的运行是个关键点，当燃气锅炉负荷发生变化时，掌握烟气余热回收系统的变工况特性，分析各种扰动对系统运行可靠性与稳定性的影响，研究烟气余热回收机组容量调节方式、策略，保证其可靠性和经济性，并在此基础上如何实现智能运行和调控是系统成功运行的关键。

随着烟气余热回收设备的不断进步，与回收技术的不断成熟，除安装空间受限外，多数工厂或热电联产机组、区域锅炉均增加了烟气余热回收系统。

9.1.3 数据中心余热回收技术

2019 年初，工业和信息化部等三部门在联合发布的《加快构建绿色数据中心的指导意见》中提出，应“鼓励数据中心在自有场所建设自有系统余热回收利用等清洁能源利用系统”。芬兰、瑞典和俄罗斯等国数据中心的余热利用已形成固定回收模式，并取得了良好的经济和环境效益。然而，我国在这方面的成熟案例依然较少，尚未形成规模。在理论研究方面，例如景淼、贾俊等人结合北方某大型数据中心的工程实例，重点研究了水环热泵回收技术在数据中心风冷集中式空调系统的应用；Romka Rihard 等人对芬兰北奥斯特罗波尼亚的数据中心余热潜力进行了评估。

目前，国内已有部分数据中心开展余热回收利用的相关尝试，主要集中利用数据中心余热为相关办公区供暖。例如腾讯、阿里巴巴千岛湖数据中心等。以腾讯天津数据中心为例，腾讯开展的余热回收利用项目利用 DC1 栋机房冷却水余热二次提温替代市政供热，节省供暖费用的同时降低冷却水系统耗电量，且进一步增强机房冷却效果，减少煤炭或天然气能源的消耗。

针对数据中心而言，余热资源品位低、热量分布集中，导致热回收技术应用受到限制，首先，数据中心的热回收无法做到全年利用，并且热回收热量品位太低，无法直接进行使用。数据中心的用冷与周围民用建筑的用热负荷无法相匹配。另外，数据中心余热回收投资运行比较低，回收周期较长（图 9-3）。

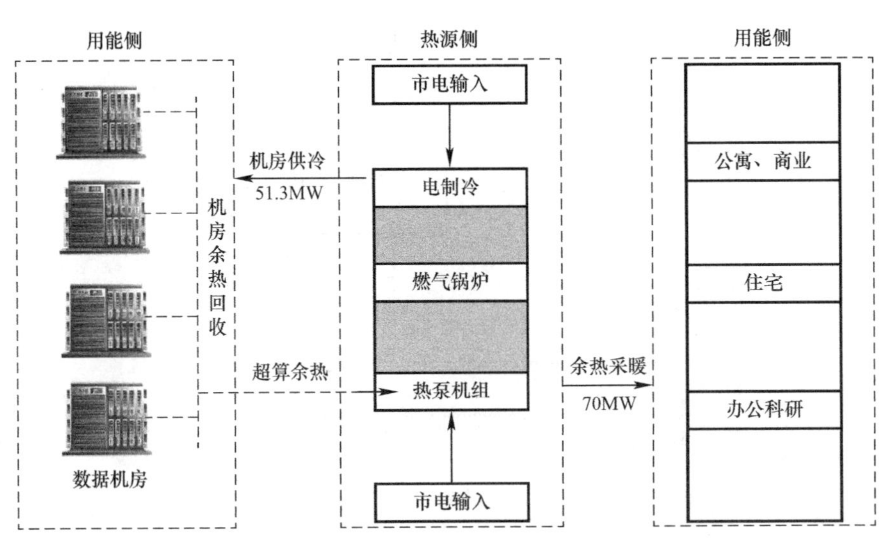

图 9-3 数据中心余热回收流程

综合以上，基于数据中心运行特点，考虑数据中心可靠运行，保证空调系统运行可靠

9.2　主要结论

9.2.1　本书的主要结论

（1）低品位工业余热供暖过程的本质是将确定的炽耗散在余热采集、整合、输配等各个环节内进行合理的分配，寻求在各环节内减少炽耗散的方法与技术。其中低品位工业余热在采集、整合过程中的炽耗散可以拆分为采集技术不完善、取热水流量不完善和热源不完善等因素导致的炽耗散，可以分别由改善采集技术、运用夹点优化法及合理弃热、采用热泵技术等方法予以减小。

（2）针对低品位工业余热信息统计，提出了三个层级的目标及相适应的统计方法。首先对于一个国家或大区域，要满足宏观政策制定的要求，应采用基于宏观统计数据的总量估计方法；其次对于一个工业省份或城市，要满足能源规划或供热规划的要求，应采用实地调研及问卷调研结合的方法；最后对于一个工业园区或特定工厂，要满足余热供暖工程建设的要求，应采用实地调研的方法。针对第一层级的目标，从工业煤耗和水耗的角度相互验证并估计我国北方地区低品位工业余热总量；针对第二层级的目标，采用合适的方法估计出五类典型高耗能工业部门单位产量下的低品位工业余热量及品位分布，结合问卷调研、现场调研获取了河北省与赤峰市的低品位工业余热资源信息。针对第三层级的目标，对赤峰市一家铜厂及迁西县两家钢铁厂进行了现场调研，得到了其低品位工业余热量、品位及可利用情况等信息。最后基于北方低品位工业余热现状对未来北方低品位工业余热潜力进行了预测。

（3）针对余热采集，建立了一套低品位工业余热分类体系，并归纳总结低品位工业余热采集过程中普遍存在的共性突出问题，为相关采集技术的开发与改善提供了理论参考。对于烟气与冲渣水余热，在理论分析的基础上提出了优化的余热采集方法。

（4）针对余热整合，以 T-Q 图为主要研究工具，构建了完整的余热整合理论与方法，该理论体系阐述了夹点优化法、合理弃热、吸收式热泵、电热泵等方法的内在机理、产生的作用、具体使用条件及适用性，可以用于指导取热流程的设计与优化。夹点优化法可用于优化只存在换热过程的取热流程，但当热网提出更高的余热供暖的热量及供水温度要求时，受到热源不完善的制约，夹点优化法无法满足要求。合理弃热降低低温余热的回收率，可以减小热源不完善度，以牺牲热量的方式换取供水温度的提高，但当热网要求较高的余热回收率时，弃热方法会受到限制。采用吸收式热泵技术，可以利用部分余热热源对于取热水输出的正煹作为动力，提升另一部分余热热源与取热水之间的负煹，在不改变余热回收量的情况下提高供水温度。采用电热泵，可以额外增加煹的投入，在热量与供水温度要求均较高但正煹不够的场合更进一步提高供水温度。

（5）针对余热输配，设计出评价一次侧回水温度影响的定量指标，揭示了降低一次侧回水温度对于低品位工业余热供暖的重要意义。在归纳和总结降低一次侧回水温度技术的基础上，运用炽分析法分析梯级供暖末端、吸收式末端、电热泵末端等系统或技术在减少输配与末端传热炽耗散中所起的作用。相比于传统的辐射散热器末端，梯级供暖末端同时减少了输配及末端传热的炽耗散；吸收式末端则可以在不改变末端传热炽耗散的情况下，只减少输配炽耗散；电热泵末端则在梯级供暖末端基础上，投入电力进一步减少输配及末端传热的炽耗散。

(6) 针对系统运行调节，指出低品位工业余热供暖系统运行调节的实质是由于低品位工业余热热源在安全性和调节性方面存在内在的缺陷。低品位工业余热供暖时，余热热源只承担基础负荷，不参与调节，由常规供暖热源调峰。

9.2.2 本书提出的观点

(1) 运用炽分析法揭示低品位工业余热供暖过程的本质，并以新的视角审视并指出各环节关键问题的实质，建立起适应于本书研究的理论体系、工具及指标、判据，研究得到了各环节关键问题的解决方法。

(2) 提出低品位工业余热信息统计问题三个层级的目标及相应统计方法，并用于分析北方地区、重点工业省市、典型铜厂与钢铁厂的余热资源。

(3) 结合理论研究在北方地区建立起国内首个成功运行的铜厂低品位工业余热集中供暖示范工程，取得显著的社会效益、经济效益与环境效益。

本书重点研究并解决了低品位工业余热应用于城镇集中供暖的技术层面的关键问题。低品位工业余热供暖的体制和机制方面的问题同样重要。诚如本书所述，低品位工业余热应用于集中供暖具有重要的意义和效益，但是低品位工业余热供暖实践往往涉及多方利益，政府、工业企业、供热企业、能源服务企业等多方参与其中，如何理清各方利益、如何调动各方的积极性、如何明确各方权责都是值得深入探究的重要研究内容。

9.2.3 未来发展的趋势

大城市需要清洁的集中供暖系统，特别是在中国北方，未来的低碳区域供热系统，将根据回水温度低的特性，以低品位工业余热为主要热源，大温差远距离输送、通过天然气作为燃料的分布式调峰热源、热泵的热力解耦与蓄热器联合对城镇进行集中供暖，这种低碳集中供热的2025集中供暖系统几乎适用于中国北方的所有城市，并且低品位工业余热具有余热量大、能源密度高、中国北方几乎所有城市都可利用现有的集中供热网络进行供热。这种清洁的供暖系统在减少能源使用、降低排放、提高供暖系统的经济性方面具有巨大潜力。

2025集中供热系统具有五个主要特点：

(1) 热网回水温度低。三回路热网结构逐渐降低热网回水温度。第二回路的供回水温度较低，便于使用工业余热等低品位热源，并方便不同工作温度的多个热源互连。

(2) 利用来自发电厂和工业工厂的低品位工业余热。该设计的三分之二的热量可以来自中国北方的低品位工业余热。

(3) 热电联产协同系统，提高运行灵活性。当与热电联产、热泵和蓄热结合使用时，该系统提供了更大的峰值负荷范围，比传统热电联产更灵活，这为在电网中方便使用可再生能源创造了条件。

(4) 天然气分布式调峰供热负荷。该系统采用分布式补充热源的方式，在供热管网末端利用天然气调峰，提高经济性，平衡工业余热波动。

（5）远距离供热网络。该系统入口温差大，管道直径大，多级泵，保证了 200km 长距离输送的供热经济性，余热利用广泛。

这种集中供暖模式与燃煤锅炉相比，在供暖成本与燃煤锅炉相似的情况下，可以达到能耗降低 80%，排放减少 80%。对世界能源供应的新要求，不断发展低碳、清洁、高效、安全、经济的城市供暖系统。

参 考 文 献

[1] 国务院办公厅印发《2014～2015年节能减排低碳发展行动方案》[J]. 纸和造纸，2014，33（7）：72.

[2]《中国建筑节能年度发展研究报告2015》发布 [J]. 发电与空调，2015，36（2）：59.

[3] 罗彩霞. 论城市集中供热热源先行 [J]. 山西建筑，2008（29）：212-214.

[4] 康慧. 北京市集中供热热源的探考 [J]. 中国能源，2009，31（10）：30-34.

[5] 方国昌，尹红卫，张云改，等. 石家庄循环化工废热利用及思考 [J]. 暖通空调，2013，43（S1）：5-9.

[6] 崔俊文. 浅议晋城市主城区集中供热热源问题 [J]. 山西建筑，2007（25）：207-208.

[7] 方豪，夏建军，江亿. 北方采暖新模式：低品位工业余热应用于城镇集中供热 [J]. 建筑科学，2012，28（S2）：11-14，17.

[8] 付林，江亿，张世钢. 基于Co—ah循环的热电联产集中供热方法 [J]. 清华大学学报（自然科学版），2008（09）：1377-1380，1412.

[9] Mirko Z. Stijepovic and Patrick Linke. Optimal waste heat recovery and reuse in industrial zones [J]. Energy，2011，36（7）：4019-4031.

[10] Yasmine Ammar et al. Desalination using low grade heat in the process industry：Challenges and perspectives [J]. Applied Thermal Engineering，2012，48：446-457.

[11] U. S. Energy Information Administration（EIA）. Annual Energy Review 2011. USA，2012.

[12] L. Zhang and T. Akiyama. How to recuperate industrial waste heat beyond time and space [J]. Int. J. of Exergy，2009，6（2）：214-227.

[13] Johnson I，Choate B，Dillich S. Waste heat recovery：Opportunities and challenges [C] //The Minerals，Metals & Materials Society Annual Meeting & Exhibition. 2008.

[14] Ziya Sogut，Zuhal Oktay，Hikmet Karakoc. Mathematical modeling of heat recovery from a rotary kiln [J]. Applied thermal engineering：Design，processes，equipment，economics，2010，30（8/9）：817-825.

[15] Panpan Qin et al. Analysis of recoverable waste heat of circulating cooling water in hot～stamping power system [J]. Clean technologies and environmental policy，2013，15（4）：741-746.

[16] 路哲. 我国工业余热回收利用技术现状分析 [J]. 装备制造技术，2019（12）：204-206.

[17] R. C. McKenna，J. B. Norman. Spatial modelling of industrial heat loads and recovery potentials in the UK [J]. Energy Policy，2010，38（10）：5878-5891.

[18] 田英英. 钢厂余热用于集中供热的热力分析 [D]. 河北工程大学，2014.

[19] 国家发改委能源所. 工业余热（余能）新技术调研//国家发改委能源所. 工业余热资源利用状况调查分析. 北京，2011.

[20] Sotirios Karellas，Andreas Schuster. Supercritical Fluid Parameters in Organic Rankine Cycle Applications [J]. International Journal of Thermodynamics，2008，11（3）：101.

[21] 王江峰，王家全，戴义平. 卡林纳循环在中低温余热利用中的应用研究 [J]. 汽轮机技术，2008（3）：208-210.

[22] 中华人民共和国国家标准. 国民经济行业分类 GB/T 4754—2017 [S]. 北京：中国标准出版社，2017.

[23] 李岩. 基于吸收式换热的热电联产集中供热系统配置与运行研究 [D]. 清华大学，2014.

[24] 安青松，史琳. 中低温热能发电技术的热力学对比分析 [J]. 华北电力大学学报（自然科学版），2012，39 (2)：79-83，92.

[25] 张亮. 回收工业余热废热用于集中供热的研究 [D]. 山东建筑大学，2012.

[26] 于菲. 浅谈余热回收技术在工业领域的应用 [J]. 资源节约与环保，2012 (2)：72-73，75.

[27] C. W. Chan，J. Ling～Chin，A. P. Roskilly. A review of chemical heat pumps，thermodynamic cycles and thermal energy storage technologies for low grade heat utilisation [J]. Applied Thermal Engineering，2013，50 (1)：1257-1273.

[28] Aleksandra Borsukiewicz-Gozdur，Wladyslaw Nowak. Comparative analysis of natural and synthetic refrigerants in application to low temperature Clausius～Rankine cycle [J]. Energy，2007，32 (4)：344-352.

[29] Miller，Erik W，Hendricks，Terry J，Peterson，Richard B. Modeling Energy Recovery Using Thermoelectric Conversion Integrated with an Organic Rankine Bottoming Cycle [J]. Journal of Electronic Materials，2009，38 (7)：1206-1213.

[30] Konigs K，Eisenbauer G，Eisenburger H. The use of industrial surplus heat in the district heat supply at Duisburg-Rheinhausen [J]. Fernwaerme International，1982，11 (2)：60-64.

[31] Belaz C. From concept to implementation of a district heating system using waste heat from an industrial plant [J]. Bulletin de l'Association Suissedes Electriciens (Organe Commun de l'Association Suisse des Electriciens (ASE) et de l'Union des Centrales Suisses d'Electricite (UCS)). 1986，77 (10)：587-590.

[32] Jong J D. Favourable results with the application of electrically driven heat pumps. II. PNEM heat pump in district heating with industrial waste heat as source of heat [J]. 1990.

[33] Urban Persson，Sven Werner. District heating in sequential energy supply [J]. Applied Energy，2012，95：123-131.

[34] Skole R. District heating schemes in Sweden using industrial waste heat. Progress through state aid [J]. 1981.

[35] 臧传宝. 高炉冲渣水余热采暖的应用 [J]. 山东冶金，2003 (1)：22-23.

[36] 柳江春，朱延群. 济钢高炉冲渣水余热采暖的应用 [J]. 甘肃冶金，2012，34 (1)：118-121.

[37] 刘红斌，杨冬云，杨卫东. 宣钢利用高炉冲渣水余热采暖的实践 [J]. 能源与环境，2010 (3)：45-46，55.

[38] 郭啸林. 内丘县工业余热用于集中供热 [J]. 能源与节能，2011 (7)：41-42.

[39] 董斯，李斌. 唐钢公司工业余热首次实现社会化利用 [N]. 河北日报，2011～11～21 (9).

[40] 刘岩松. 采油厂工业余热（冷）热泵利用项目工程实例 [C] //中国建筑学会建筑热能动力分会. 中国建筑学会建筑热能动力分会第十七届学术交流大会暨第八届理事会第一次全会论文集. 《建筑热能通风空调》编辑部，2011：3.

[41] 贡鹏楼，刘继亮，李彦辉. 工业余热热泵供暖实例及分析 [J]. 河北工业科技，2014，31 (1)：91-94.

[42] L. López et al. Determination of energy and exergy of waste heat in the industry of the Basque country [J]. Applied Thermal Engineering，1998，18 (3)：187-197.

[43] Kjell Bettgenhäuser. Heat Roadmap Europe 2050 [J]. [2023～11～01].

[44] 周泳，吴良玉，颜斌，等. 高炉冲渣水余热回收技术的现状及发展 [C] //中国金属学会. 第九届中国钢铁年会论文集. 冶金工业出版社 (Metallurgical Industry Press)，2013：5.

[45] 齐渊洪，干磊，王海风，等. 高炉熔渣余热回收技术发展过程及趋势 [J]. 钢铁，2012，47 (4)：1-8.

[46] 曲余玲，毛艳丽，张东丽，等. 国内外转杯法高炉渣粒化工艺研究进展 [J]. 冶金能源，2011，30 (4)：19-23.

[47] Donald J，Pickles C. Energy recovery from molten ferrous slags using a molten salt medium. Steelmaking Conference Proceedings，1994，77：681-692.

[48] 水落登志雄，秋山友宏. 鋼鉄スラグ廃熱利用型セメントクリンカー製造法 [J]. 材料とプロセス：日本鋼鉄協会講演論文集. 2001，14 (1)：146.

[49] 秋山友宏，水落登志雄. 鋼鉄スラグ廃熱利用型セメントクリンカー製造法 [J]. 環境科学誌. 2001，14 (2)：143-151.

[50] 耿春景，李汛，朱强. 高炉冲渣水发电项目的可行性研究 [J]. 节能技术，2005 (3)：228-231.

[51] 刘杰，罗军杰. 高炉冲渣水专用换热器的应用 [J]. 节能，2012，31 (6)：59-62.

[52] 刘胜利，王丰芹，龚宇同，等. 利用高炉冲渣水低温余热的供暖系统：CN201310361713. 6 [P]. CN103436645A [2023-11-01].

[53] 顾伟，翁一武，曹广益，等. 低温热能发电的研究现状和发展趋势 [J]. 热能动力工程，2007 (2)：115-119，222.

[54] 张红. 低沸点工质的有机朗肯循环纯低温余热发电技术 [J]. 水泥，2006 (8)：13-15.

[55] 冯驯，徐建，王墨南，等. 有机朗肯循环系统回收低温余热的优势 [J]. 节能技术，2010，28 (5)：387-391.

[56] Quoilin S，Tchanche B F，Lemort V，et al. Thermo～economic optimization of waste heat recovery Organic Rankine Cycles [J]. [2023-11-01].

[57] Huijuan Chen et al. A supercritical Rankine cycle using zeotropic mixture working fluids for the conversion of low～grade heat into power [J]. Energy，2010，36 (1)：549-555.

[58] Johann Fischer. Comparison of trilateral cycles and organic Rankine cycles [J]. Energy，2011，36 (10)：6208-6219.

[59] Mirolli M. The Kalina cycle for cement kiln waste heat recovery power plants [J]. 2005 IEEE Cement Industry Technical Conference Record，2005：330-336.

[60] 彦启森，石文星，田长青. 空气调节用制冷技术 [J]. 北京：中国建筑工业出版社，2010.

[61] Kiyan Parham et al. Absorption heat transformers—A comprehensive review [J]. Renewable and Sustainable Energy Reviews，2014，34：430-452.

[62] 周方伟. TFE～E181 第二类吸收式热泵热力过程研究 [D]. 大连理工大学，2004.

[63] 茹毅. 吸收式热泵技术在工业余热回收利用中的应用研究 [D]. 太原理工大学，2012.

[64] 王锡生. 吸收式热泵在工业中的应用 [J]. 节能，1997 (7)：8-13.

[65] 焦华. 第二类吸收式热泵在炼厂余热领域的应用 [D]. 大连理工大学，2012.

[66] Adrienne B. Little and Srinivas Garimella. Comparative assessment of alternative cycles for waste heat recovery and upgrade [J]. Energy，2011，36 (7)：4492-4504.

[67] 王文光. 高效相变工业余热回收机理研究 [D]. 南昌大学，2014.

[68] 彭晓峰，曲艺，李智敏. 高性能工业余热利用方式的 CPL 技术 [J]. 工业加热，2000 (5)：15-18.

[69] 包涵. 毛细泵技术用于工业余热回收系统中的实验研究 [D]. 中南大学，2012.

[70] 中华人民共和国国家标准. 能量系统 分析技术导则 GB/T 14909—2021 [S]. 北京：中国标准出

版社，2021.
[71] 过增元，梁新刚，朱宏晔.（炽）——描述物体传递热量能力的物理量 [J]. 自然科学进展，2006 (10)：1288-1296.
[72] 胡帼杰，曹炳阳，过增元. 系统的（炽）与可用（炽） [J]. 科学通报，2011，56 (19)：1575-1577.
[73] 韩光泽，过增元. 导热能力损耗的机理及其数学表述 [J]. 中国电机工程学报，2007 (17)：98-102.
[74] Lun Zhang，Xiaohua Liu，Yi Jiang. Application of entransy in the analysis of HVAC systems in buildings [J]. Energy，2013，53：332-342.
[75] 阎志国. 夹点分析法在换热网络优化中的应用 [J]. 天津化工，2002 (1)：35-37.
[76] U. V. Shenoy. Heat exchanger network synthesis：The pinch technology-based approach [J]. Gulf Publishing Co.，Houston，TX (United States)，1995.
[77] 刘欢，王飞. 集中供热的发展趋势——谈多热源联网供热技术 [J]. 山西能源与节能，2008 (4)：27-29.
[78] 秦绪忠，江亿. 多热源并网供热的水力优化调度研究 [J]. 暖通空调，2001 (1)：11-16.
[79] 马琳. 我国多热源大型供热管网的研究现状 [J]. 铁道标准设计，2010 (S2)：131-134.
[80] 王敏. 多热源供热系统的节能研究 [D]. 北京建筑工程学院，2013.
[81] 孙春艳. 多热源环状管网水力工况的实验研究与仿真 [D]. 太原理工大学，2006.
[82] 中国建筑节能年度发展研究报告 2011. 北方城镇采暖节能 [J]. 建设科技，2011 (08)：18.
[83] 中华人民共和国国家统计局. 中国统计年鉴 2013 [J]. 北京：中国统计出版社，2013.
[84] 国家统计局能源统计司. 中国能源统计年鉴 2013 [J]. 北京：中国统计出版社，2013.
[85] 国家发展和改革委员会环境和资源综合利用司. 中国工业用水与节水概论 [J]. 北京：中国水利水电出版社，2004.
[86] 吴奕，罗晓丹. 河南省工业用水现状调查与分析 [J]. 河南水利与南水北调，2013 (22)：8-9.
[87] 张洪亮，张雨，吴军. 德州市节水量及其影响因子相关性分析 [J]. 山东水利，2013 (Z1)：67-69.
[88] 彭琛. 基于总量控制的中国建筑节能路径研究 [D]. 北京：清华大学，2014.
[89] Z. C. Guo，Z. X. Fu. Current situation of energy consumption and measures taken for energy saving in the iron and steel industry in China [J]. Energy，2010，35 (11)：4356-4360.
[90] 龙江明. 铁矿粉烧结原理与工艺 [J]. 北京：冶金工业出版社，2010.
[91] 刘文超，蔡九菊，董辉，等. 烧结过程余热资源高效回收与利用的热力学分析 [J]. 中国冶金，2013，23 (2)：15-20.
[92] 刘进林，赵忆农，赵秀梅. 高炉煤气余压透平发电技术的应用 [J]. 华东电力，2001 (8)：51-52.
[93] 张琦，蔡九菊，吴复忠，等. 高炉煤气在冶金工业的应用研究 [J]. 工业炉，2007 (1)：9-12.
[94] 周文. 高炉煤气洗涤水处理技术 [J]. 给水排水，2003 (7)：47-49.
[95] 赵润恩. 炼铁工艺设计原理 [J]. 北京：冶金工业出版社，1993.
[96] 马朝阳，邹颖，黄朝晖. 软水密闭循环系统在新钢炼铁高炉中的应用 [J]. 能源研究与管理，2013 (4)：65-68，82.
[97] 蔡玉强，王杰. 轧钢冷床余热利用 [J]. 机械工程师，2002 (10)：65.
[98] 季明明，冯善奔，石虎珍. 热管技术应用在轧钢冷床余热回收上浅谈 [C] //中国金属学会冶金设备分会. 中国金属协会冶金设备分会第二届第一次冶金设备设计学术交流会论文集. [出版者不详]，2013：2.
[99] 贾艳，李文兴. 高炉炼铁基础知识（第 2 版）[J]. 北京：冶金工业出版社，2010.

［100］ 由文泉. 实用高炉炼铁技术［J］. 北京：冶金工业出版社，2002.
［101］ 李建梅，吴良玉. 高炉煤气洗涤水处理方案改进［J］. 给水排水，2012，48（6）：58-60.
［102］ 范砧. 燃料气比热容的计算方法［J］. 工业炉，2006（1）：35-37.
［103］ W. G. Davenport，M. King，M. Schlesinger，A. K. Biswas. 铜冶炼技术（原著第四版）［J］. 杨吉春，董方，译. 北京：化学工业出版社，2006.
［104］ 林世雄. 石油炼制工程［J］. 北京：石油工业出版社，2007.
［105］ 边海军. 低温工业余热回收工艺研究及示范［D］北京：清华大学，2013.
［106］ 解红军，余绩庆，刘富余. 原油加热炉余热回收技术综述［J］. 石油规划设计，2011，22（6）：36-39.
［107］ 嵇境鹏. 常减压装置加热炉节能改造［J］. 石油化工应用，2009，28（5）：96-98.
［108］ 刘建国，王建华，马军民，等. 化工厂生产系统余热资源调研［J］. 中国氯碱，2012（9）：36-41.
［109］ 陆忠兴，周元培. 氯碱化工生产工艺［J］. 北京：化学工业出版社，1995.
［110］ 中华人民共和国国家统计局. 中国统计年鉴 2014［J］. 北京：中国统计出版社. 2014.
［111］ 河北省统计局国家统计局河北调查总队. 河北省 2013 年国民经济和社会发展统计公报［N］. 河北日报，2014-03-03（012）.
［112］ 发改环资〔2011〕2873 号. 国家发展改革委等部门关于印发万家企业节能低碳行动实施方案的通知［N］. 2011［2011-12-07］.
［113］ 石家庄市统计局，国家统计局石家庄调查队. 石家庄统计年鉴 2013［J］. 北京：中国统计出版社，2013.
［114］ 唐山市统计局，国家统计局唐山调查队. 唐山统计年鉴 2013［J］. 北京：中国统计出版社，2013.
［115］ 邯郸市统计局，国家统计局邯郸调查队. 邯郸统计年鉴 2013［J］. 北京：中国统计出版社，2013.
［116］ 石家庄市统计局，国家统计局石家庄调查队. 石家庄市 2013 年国民经济和社会发展统计公报［N］. 2014［2014-04-09］.
［117］ 唐山市统计局国家统计局唐山调查队. 唐山市 2013 年国民经济和社会发展统计公报［N］. 唐山劳动日报，2014-04-08（002）.
［118］ 邯郸市统计局国家统计局邯郸调查队. 邯郸市 2013 年国民经济和社会发展统计公报［N］. 邯郸日报，2014-03-25（005）.
［119］ 邢台市统计局国家统计局邢台调查队. 邢台市 2013 年国民经济和社会发展统计公报［N］. 邢台日报，2014-03-26（006）.
［120］ 保定市统计局. 保定市 2013 年国民经济和社会发展统计公报［N］. 保定日报，2014-05-21（B01）.
［121］ 廊坊市统计局，国家统计局廊坊调查队. 廊坊市 2013 年国民经济和社会发展统计公报［N］. 2014［2014-03-17］.
［122］ 沧州市统计局. 沧州市 2013 年国民经济和社会发展统计公报［N］. 2014［2014-03-27］.
［123］ 秦皇岛市统计局国家统计局秦皇岛调查队. 秦皇岛市 2013 年国民经济和社会发展统计公报［N］. 秦皇岛日报，2014-05-07（004）.
［124］ 张家口市统计局，国家统计局张家口调查队. 张家口市 2013 年国民经济和社会发展统计公报［N］. 2014［2014-08-01］.
［125］ 承德市统计局. 承德市 2013 年国民经济和社会发展统计公报［N］. 承德日报，2014-02-08（3）.

[126] 衡水市统计局国家统计局衡水调查队. 衡水市2013年国民经济和社会发展统计公报 [N]. 衡水日报，2014-04-02 (A03).

[127] 闫永章，刘兆兴，陈祥花，等. 高炉煤气净化系统新技术研究与应用 [J]. 山东冶金，2003 (2)：68-70.

[128] 贾明生，凌长明. 烟气酸露点温度的影响因素及其计算方法 [J]. 工业锅炉，2003 (6)：31-35.

[129] 刘战英. 轧钢 [J]. 北京：冶金工业出版社，1995.

[130] 刘杰，罗军杰. 高炉冲渣水专用换热器的应用 [J]. 节能，2012，31 (6)：59-62.

[131] 祝侃. 降低供热系统能源品位损失的分析与研究 [D]. 清华大学，2015.

[132] 朱明善，刘颖，林兆庄，彭晓峰. 工程热力学 [J]. 北京：清华大学出版社，1995.

[133] 王升，谢晓云，江亿. 多级立式大温差吸收式变温器性能分析 [J]. 制冷学报，2013，34 (6)：5-11.

[134] 方豪. 低品位工业余热应用于城镇集中供暖关键问题研究 [D]. 清华大学，2016.

[135] 路哲. 我国工业余热回收利用技术现状分析 [J]. 装备制造技术，2019 (12)：204-206.

[136] W. G. Davenport，M. King，M. Schlesinger，A. K. Biswas. 铜冶炼技术（原著第四版）[J]. 杨吉春，董方，译. 北京：化学工业出版社，2006.

[137] 郭聪，王娅男. 回收工业余热废热用于集中供热的探讨 [J]. 区域供热，2017 (4)：43-49.

[138] 王春林，方豪，夏建军. 我国有色金属余热资源及清洁供暖潜力测算 [J]. 建筑节能，2019，47 (12)：112-117.

[139] 中国经济周刊 [J]. 中国经济周刊，2013 (43)：35.

[140] 王志斌. 变压器顶层油温普查及余热利用分析 [J]. 黑龙江电力，2018，40 (1)：63-67，93.

[141] 中国统计年鉴2020 [J]. 统计理论与实践，2021 (1)：2.

[142] 中国城乡统计年鉴2019 [J]. 中华人民共和国住房和城乡建设部. 2020，12.

[143] 郑雯，夏建军，左河涛，等. 北方地区清洁热源与热负荷调研 [J]. 区域供热，2019 (1)：26-35+53.

[144] 江亿，等中国建筑节能年度发展研究报告 (2019) [M]. 北京：中国建筑工业出版社，2019.

[145] 方豪，夏建军. 工业余热应用于城市集中供热的技术难点与解决办法探讨 [J]. 区域供热，2013 (3)：22-27.

[146] 北方地区冬季清洁取暖规划 (2017～2021) 解读 [J]. 资源节约与环保，2018 (2)：6-8.

[147] 《余热暖民工程实施方案》印发 [J]. 墙材革新与建筑节能，2016 (1)：8.

[148] 中国统计年鉴2020 [J]. 统计理论与实践，2021 (01)：2.

[149] 国家发展和改革委员会，环境和资源综合利用司编. 中国工业用水与节水概论 [M]. 中国水利水电出版社，2004.

[150] 吴奕，罗晓丹. 河南省工业用水现状调查与分析 [J]. 河南水利与南水北调，2013 (22)：8-9.

[151] 李珊，张玲玲，丁雪丽，等. 中国各省区工业用水效率影响因素的空间分异 [J]. 长江流域资源与环境，2019，28 (11)：2539-2552.

[152] 张洪亮，张雨，吴军. 德州市节水量及其影响因子相关性分析 [J]. 山东水利，2013 (Z1)：67-69.

[153] 李叶茂，夏建军，赵海峰. 钢铁厂余热应用城镇集中供暖案例分析 [J]. 供热节能.

[154] 黄新. 大冶铁矿球团竖炉余热的利用研究 [D]. 武汉科技大学，2011.

[155] 聂威，倖斌，黄家驹，等. 采用造纸白泥作水泥生产原料的方法：CN200610124165. 5 [P] [2023-11-01].

[156] 江亿. 我国北方供暖能耗和低碳发展路线. 中国建设报 [N]. 2019 (7).

[157] 方豪，夏建军，宿颖波，等. 回收低品位工业余热用于城镇集中供热——赤峰案例介绍 [J]. 区域供热，2013 (3)：28-35.

[158] 蒋习梅，熊华文，王健夫，等. 京津冀及周边地区中低品位工业余热资源潜力与利用分析 [J]. 中国能源，2017，39 (9)：32-36.